SECOND NATIONAL CENSUS OF
POLLUTION SOURCES BULLETIN AND
MEMORABILIA

# 第二次
# 全国污染源普查公报
# 与大事记

生态环境部第二次全国污染源普查工作办公室 – 编

中国环境出版集团。北京

**图书在版编目（CIP）数据**

第二次全国污染源普查公报与大事记 / 生态环境部
第二次全国污染源普查工作办公室编. -- 北京 : 中国
环境出版集团, 2022.11
　ISBN 978-7-5111-4805-6

　Ⅰ. ①第… Ⅱ. ①生… Ⅲ. ①污染源－普查－统计
资料－中国 Ⅳ. ①X501

　中国版本图书馆CIP数据核字(2021)第153214号

| | |
|---|---|
| 出 版 人 | 武德凯 |
| 责任编辑 | 曲　婷 |
| 责任校对 | 任　丽 |
| 装帧设计 | 彭　杉 |
| 封面设计 | 王春声 |

| | |
|---|---|
| 出版发行 | 中国环境出版集团 |
| | （100062　北京市东城区广渠门内大街16号） |
| | 网　　　址：http://www.cesp.com.cn |
| | 电子邮箱：bjgl@cesp.com.cn |
| | 联系电话：010-67112765（编辑管理部） |
| | 发行热线：010-67125803　010-67113405（传真） |
| 印　　刷 | 北京中科印刷有限公司 |
| 经　　销 | 各地新华书店 |
| 版　　次 | 2022年11月第1版 |
| 印　　次 | 2022年11月第1次印刷 |
| 开　　本 | 787×1092　1/16 |
| 印　　张 | 6.75 |
| 字　　数 | 130千字 |
| 定　　价 | 70.00元 |

**中国环境出版集团郑重承诺：**
中国环境出版集团合作的印刷单位、材料单位均具有中国环境标志产品认证；
中国环境出版集团所有图书"禁塑"。

# 组织领导和工作机构

## 国务院第二次全国污染源普查
## 领导小组人员名单

国发〔2016〕59号文，2016年10月20日

### 组　长
张高丽　国务院副总理

### 副组长
陈吉宁　环境保护部部长
宁吉喆　国家统计局局长
丁向阳　国务院副秘书长

### 成　员
郭卫民　国务院新闻办副主任
张　勇　国家发展改革委副主任
辛国斌　工业和信息化部副部长
黄　明　公安部副部长
刘　昆　财政部副部长
汪　民　国土资源部副部长
翟　青　环境保护部副部长
倪　虹　住房城乡建设部副部长
戴东昌　交通运输部副部长
陆桂华　水利部副部长
张桃林　农业部副部长
孙瑞标　税务总局副局长
刘玉亭　工商总局副局长
田世宏　质检总局党组成员、国家标准委主任
钱毅平　中央军委后勤保障部副部长

＊领导小组办公室主任由环境保护部副部长翟青兼任

# 国务院第二次全国污染源普查
# 领导小组人员名单

国办函〔2018〕74号文，2018年11月5日

### 组　长
韩　正　国务院副总理

### 副组长
丁学东　国务院副秘书长
李干杰　生态环境部部长
宁吉喆　统计局局长

### 成　员
郭卫民　中央宣传部部务会议成员、新闻办副主任
张　勇　发展改革委副主任
辛国斌　工业和信息化部副部长
杜航伟　公安部副部长
刘　伟　财政部副部长
王春峰　自然资源部党组成员
赵英民　生态环境部副部长
倪　虹　住房城乡建设部副部长
戴东昌　交通运输部副部长
魏山忠　水利部副部长
张桃林　农业农村部副部长
孙瑞标　税务总局副局长
马正其　市场监管总局副局长
钱毅平　中央军委后勤保障部副部长

★领导小组办公室设在生态环境部，办公室主任由生态环境部
副部长赵英民兼任

# 序 言

## 掌握生态环境保护底数
## 助力打赢污染防治攻坚战

第二次全国污染源普查是中国特色社会主义进入新时代的一次重大国情调查，是在决胜全面建成小康社会关键阶段、坚决打赢打好污染防治攻坚战的大背景下实施的一项系统工程，是为全面摸清建设"美丽中国"生态环境底数、加快补齐生态环境短板采取的一项重大举措。在以习近平同志为核心的党中央坚强领导下，按照国务院和国务院第二次全国污染源普查领导小组的部署，各地区、各部门和各级普查机构深入贯彻习近平新时代中国特色社会主义思想和习近平生态文明思想，精心组织、奋力作为，广大普查人员无私奉献、辛勤付出，广大普查对象积极支持、大力配合，第二次全国污染源普查取得重大成果，达到了"治污先治本、治本先清源"的目的，为依法治污、科学治污、精准治污和制定决策规划提供了真实可靠的数据基础，集中反映了十年来中国经济社会健康稳步发展和生态环境保护不断深化优化的新成就，昭示着生态文明建设迈向高质量发展的新图景。

## 一、第二次全国污染源普查高质量完成

第二次全国污染源普查对象为中华人民共和国境内有污染源的单位和个体经营户，范围包括：工业污染源，农业污染源，生活污染源，集中式污染治理设施，移动源及其他产生、排放污染物的设施。普查标准时点为 2017 年 12 月 31 日，时期资料为 2017 年度。这次污染源普查历时 3 年时间，经过前期准备、全面调查和总结发布三个阶段，对全国 357.97 万个产业活动单位和个体经营户进行入户调查和产排污核算工作，摸清了全国各类污染源数量、结构和分布情况，掌握了各类污染物产生、排放和处理情况，建立了重点污染源档案和污染源信息数据库，高标准、高质量完成了既定的目标任务。这次污染源普查的主要特点有：

**党中央、国务院高度重视，凝聚工作合力。**张高丽、韩正副总理先后担任国务院第二次全国污染源普查领导小组组长，领导小组办公室设在生态环境部。按照"全国统一领导、部门分工协作、地方分级负责、各方共同参与"的原则，县以上各级政府和相关部门组建了普查机构。各级生态环境部门重视普查工作中党的建设，着力打造一支生态环境保护铁军，做到组织到位、人员到位、措施到位、经费到位，为普查顺利实施提供了有力保障。全国（不含港、澳、台）共成立普查机构9321个，投入普查经费90亿元，动员50万人参与，确保了普查顺利实施。

**科学设计，普查方案执行有力。**依据相关法律法规，加强顶层设计，制定《第二次全国污染源普查方案》，提高普查的科学性和规范性。坚持目标引领、问题导向，经过12个省（区、市）普查综合试点、10个省（区、市）普查专项试点检验，完善涵盖工业源41个行业大类的污染源产排污核算方法体系。采取"地毯式"全面清查和全面入户调查相结合的方式，了解掌握"污染源在哪里、排什么、如何排和排多少"四个关键问题，全面摸清生态环境底数。31个省（区、市）和新疆生产建设兵团以"钉钉子"精神推进污染源普查工作"全国一盘棋"。

**运用现代信息技术，推动实践创新。**积极推进政务信息大数据共享应用，有效减轻调查对象负担和普查成本。共有17个部门作为国务院第二次全国污染源普查领导小组成员单位和联络员单位参与普查，累计提供行政记录和业务资料近1亿条，通过比对、合并形成普查清查底册和污染源基本单位名录。首次运用全国环保云资源，建立完善联网直报系统。全面采用电子化手段进行普查小区划分和空间信息采集，使用手持移动终端（PDA）采集和传输数据，提高普查效率。

**聚焦数据质量，强化全过程控制。**严格"真实、准确、全面"要求，建立细化的数据质量标准，完善数据质量溯源机制，严格普查质量管理和工作纪律。组建普查专家咨询和技术支持团队，开展分类指导和专项督办，引入4692个第三方机构参与普查工作，发挥公众监督作用，推动普查公正透明。国务院第二次全国污染源普查领导小组办公室先后对普查各个阶段组织开展工作督导，对全国31个省（区、市）和新疆生产建设兵团普查调研指导全覆盖、质量核查全覆盖，确保普查数据质量。

**广泛开展宣传培训，营造良好社会氛围。**加强普查新闻宣传矩阵平台建设，采取通俗易懂、喜闻乐见的形式，推进普查宣传进基层、进乡镇、进社区、进企业，推广工作中的好经验好方法，营造全社会关注、支持和参与普查的舆论氛围。创新培训方式，统一培训与分级培训相结合，现场培训与网络远程培训相结合，理论传授与案例讲解相结合，由国家负责省级和试点地区、省级负责地市和区县，全方位提高各级普查人员工作能力和技术水平。专题为新疆、西藏等西部地区培训普查业务骨干，深化对口援疆、援藏、援青工作。总的看，第二次全国污染源普查为生态环境保护做了一次高质量"体检"，获得了极其宝贵的海量数据，为加强生态文明建设、推动经济社会高质量发展、推进生态环境领域国家治理体系和治理能力现代化提供了丰富详实的数据支撑。

## 二、十年来我国生态环境保护取得重大成就

对比第二次全国污染源普查与第一次全国污染源普查结果，可以发现，十年来特别是党的十八大以来，我国在经济规模、结构调整、产业升级、创新动力、区域协调、环境治理等方面呈现诸多积极变化，高质量发展迈出了稳健步伐，生态文明建设取得积极成效，生态环境质量显著改善。

**十年来，我国经济社会发展状况以及生态环境保护领域重大改革措施取得重大成果**。从十年间两次普查的变化来看：2017 年，化学需氧量、二氧化硫、氮氧化物等污染物排放量较 2007 年分别下降 46%、72%、34%。工业企业废水处理、脱硫和除尘等设施数量，分别是 2007 年的 2.35 倍、3.27 倍和 5.02 倍。城镇污水处理厂数量增加 5.4 倍，设计处理能力增加 1.7 倍，实际污水处理量增加 3 倍；城镇生活污水化学需氧量去除率由 2007 年的 28% 提高至 2017 年的 67%。生活垃圾处置厂数量增加 86%，其中垃圾焚烧厂数量增加 303%，焚烧处理量增加 577%，焚烧处理量比例由 8% 提高到 27%。危险废物集中利用处置厂数量增加 8.22 倍，设计处理能力增加 4279 万吨 / 年，提高 10.4 倍，集中处置利用量增加 1467 万吨，提高 12.5 倍。这些变化充分体现了生态文明建设战略实施的成就。

**十年来，我国经济结构优化升级、协调发展取得新进展**。我国正处在转变发展方式、优化经济结构、转换增长动能的攻关期。两次普查数据相比，十年间，工业结构持续改善，制造业转型升级表现突出。工业源普查对象涵盖国民经济行业分类 41 个工业大类行业产业活动单位，数量由 157.55 万个增加到 247.74 万个，增加 90.19 万个，增幅达 57.24%。重点行业生产规模集中，造纸制浆、皮革鞣制、铜铅锌冶炼、炼铁炼钢、水泥制造、炼焦行业的普查对象数量分别减少 24%、36%、51%、50%、37% 和 62%，产品产量分别增加 61%、7%、89%、50%、71% 和 30%。农业源普查对象中，畜禽规模程度明显提高，养殖结构得到优化，生猪规模养殖场（500 头及以上）养殖量占比由 22% 上升为 41%。同时，生猪规模养殖场采用干清粪方式养殖量占比从 55% 提高到 81%。这些深刻反映了我国经济结构的重大变化，表明重点行业产业集中度提高，产业优化升级、淘汰落后产能、严格环境准入等结构调整政策取得积极成效。重点行

业产业结构调整既获得了规模效益和经济效益，同时取得了好的环境成效。

**十年来，我国工业企业节能减排成效显著。**两次普查相比，在工业源方面，废气、废水污染治理快速发展，治理水平大幅提升。2017 年废水治理设施套数比 2007 年提高了 135.47%，废水治理能力提高了 26.88%。脱硫设施数和除尘设施数分别提高了 226.88%、401.72%。十年间，总量控制重点关注行业排放量占比明显下降，化学需氧量、氨氮、二氧化硫、氮氧化物等四项主要污染物排放量分别下降 83.89%、77.56%、75.05%、45.65%。电力、热力生产和供应业二氧化硫、氮氧化物，造纸和纸制品业化学需氧量分别下降 86.54%、76.93%、84.44%。铜铅锌冶炼行业二氧化硫减少 78%。炼铁炼钢行业二氧化硫减少 54%。水泥制造行业氮氧化物减少 23%。表明全国各领域生态环境基础设施建设的均等化水平提升，污染治理能力大幅提高，污染治理效果显著。

另外，普查结果也显示当前生态环境保护工作仍然存在薄弱环节，全国污染物排放量总体处于较高水平。第二次全国污染源普查数据为下一步精准施策、科学治污奠定了坚实基础。

## 三、贯彻落实新发展理念　推动生态环境质量持续改善

习近平总书记强调，小康全面不全面，生态环境很关键。普查结果显示，在党中央、国务院的坚强领导下，经济高质量发展和生态环境高水平保护协同推动，依法治污、科学治污、精准治污方向不变、力度不减，扎实推进蓝天、碧水、净土保卫战，污染防治攻坚战取得关键进展，生态环境质量持续明显改善。从普查数据中也发现，当前污染防治攻坚战面临的困难、问题和挑战还很大，形势仍然严峻，不容乐观。我们既要看到发展的有利条件，也要清醒认识到内外挑战相互交织、生态文明建设"三期叠加"影响持续深化、经济下行压力加大的复杂形势。要以习近平新时代中国特色社会主义思想为指导，紧紧围绕统筹推进"五位一体"总体布局和协调推进"四个全面"战略布局，紧密围绕污染防治攻坚战阶段性目标任务，持续改善生态环境质量，构建生态环境治理体系，为推动生态环境根本好转、建设生态文明和美丽中国、开启全面建设社会主义现代化国家新征程奠定坚实基础。

**深入贯彻落实新发展理念。**深入贯彻落实习近平生态文明思想，增强各方面践行新发展理念的思想自觉、政治自觉、行动自觉。充分发挥生态环境保护的引导、优化和促进作用，支持服务重大国家战略实施。落实生态环境监管服务、推动经济高质量发展、支持服务民营企业绿色发展各项举措，继续推进"放管服"改革，主动加强环境治理服务，推动环保产业发展。

**坚定不移推进污染治理。** 用好第二次全国污染源普查成果，推进数据开放共享，以改善生态环境质量为核心，制定国民经济和社会发展"十四五"规划和重大发展战略。全面完成《打赢蓝天保卫战三年行动计划》目标任务，狠抓重点区域秋冬季大气污染综合治理攻坚，积极稳妥推进北方地区清洁取暖，持续整治"散乱污"企业，深入推进柴油货车污染治理，继续实施重污染天气应急减排按企业环保绩效分级管控。深入实施《水污染防治行动计划》，巩固饮用水水源地环境整治成效，持续开展城市黑臭水体整治，加强入海入河排污口治理，推进农村环境综合整治。全面实施《土壤污染防治行动计划》，推进农用地污染综合整治，强化建设用地土壤污染风险管控和修复，组织开展危险废物专项排查整治，深入推进"无废城市"建设试点，基本实现固体废物零进口。

**加强生态系统保护和修复。** 协调推进生态保护红线评估优化和勘界定标。对各地排查违法违规挤占生态空间、破坏自然遗迹等行为情况进行检查。持续开展"绿盾"自然保护地强化监督。全力推动《生物多样性公约》第十五次缔约方大会圆满成功。开展国家生态文明建设示范市县和"绿水青山就是金山银山"实践创新基地评选工作。

**着力构建生态环境治理体系。** 推动落实关于构建现代环境治理体系的指导意见、中央和国家机关有关部门生态环境保护责任清单。基本建立生态环境保护综合行政执法体制。构建以排污许可制为核心的固定污染源监管制度体系。健全生态环境监测和评价制度、生态环境损害赔偿制度。夯实生态环境科技支撑。强化生态环境保护宣传引导。加强国际交流和履约能力建设。妥善应对突发环境事件。

**加强生态环境保护督察帮扶指导。** 持续开展中央生态环境保护督察。持续开展蓝天保卫战重点区域强化监督定点帮扶，聚焦污染防治攻坚战其他重点领域，开展统筹强化监督工作。精准分析影响生态环境质量的突出问题，分流域区域、分行业企业对症下药，实施精细化管理。充分发挥国家生态环境科技成果转化综合平台作用，切实提高环境治理措施的系统性、针对性、有效性。坚持依法行政、依法推进，规范自由裁量权，严格禁止"一刀切"，避免处置措施简单粗暴。

**充分发挥党建引领作用。** 牢固树立"抓好党建是本职、不抓党建是失职、抓不好党建是渎职"的管党治党意识，始终把党的政治建设摆在首位，巩固深化"不忘初心、牢记使命"主题教育成果，着力解决形式主义突出问题，严格落实中央八项规定及其实施细则精神，进一步发挥巡视利剑作用，一体推进不敢腐、不能腐、不想腐，营造风清气正的政治生态，加快打造生态环境保护铁军。

# 编 制 说 明

　　污染源普查是重大国情调查，每十年开展一次。第二次全国污染源普查系列丛书（以下简称《丛书》）是污染源普查的主要工作成果，包括《第二次全国污染源普查公报与大事记》《第二次全国污染源普查文献汇编》《第二次全国污染源普查工作总结》《第二次全国污染源普查产排污系数手册》《第二次全国污染源普查入户调查工作手册》《第二次全国污染源普查质量管理工作与实践》《第二次全国污染源普查档案管理方法与实践》等。这套《丛书》涉及的普查数据来源于第二次全国污染源普查工作中各地普查办报送的最终数据。

　　《第二次全国污染源普查公报与大事记》包括第二次全国污染源普查公报中文、英文版本，自 2016 年国务院印发《国务院关于开展第二次全国污染源普查的通知》至 2020 年 11 月召开第二次全国污染源普查工作总结会议，生态环境部第二次全国污染源普查工作办公室全面完成了第二次全国污染源普查工作期间的重要工作。

　　本书编写人员包括：王夏娇、周潇云、沈忱、汪震宇、毛玉如、赵学涛、景立新、洪亚雄。

# 目 录

# 1

第二次全国污染源普查公报（中英文）

# 第二次全国污染源普查公报

中华人民共和国生态环境部

国家统计局

中华人民共和国农业农村部

2020 年 6 月 8 日

根据《全国污染源普查条例》规定和《国务院关于开展第二次全国污染源普查的通知》（国发〔2016〕59 号）要求，开展第二次全国污染源普查工作。

普查的标准时点为 2017 年 12 月 31 日，时期资料为 2017 年度。普查对象是我国境内排放污染物的工业污染源（以下简称工业源）、农业污染源（以下简称农业源）、生活污染源（以下简称生活源）、集中式污染治理设施、移动源。

按照党中央、国务院统一部署，各地区、各有关部门和各级普查机构认真谋划、精心组织，广大普查人员无私奉献、艰苦努力，广大普查对象相关人员大力支持、积极参与，现已完成第二次全国污染源普查任务，摸清了各类污染源的基本情况、主要污染物排放数量、污染治理情况等，建立了重点污染源档案和污染源信息数据库。现将主要数据公布如下：

## 一、总体情况

### （一）各类普查对象数量

2017 年末，全国普查对象数量 358.32 万个（不含移动源）。包括工业源 247.74 万个，畜禽规模养殖场 37.88 万个，生活源 63.95 万个，集中式污染治理设施 8.40 万个；以行政区为单位的普查对象数量 3497 个。

### （二）污染物排放量

2017 年，全国水污染物排放量：化学需氧量 2143.98 万吨，氨氮 96.34 万吨，总氮 304.14 万吨，总磷 31.54 万吨，动植物油 30.97 万吨，石油类 0.77 万吨，挥发酚 244.10 吨，氰化物 54.73 吨，重金属（铅、汞、镉、铬和类金属砷，下同）

182.54 吨。

七大流域（长江、黄河、珠江、松花江、淮河、海河、辽河）水污染物排放量：化学需氧量 1957.48 万吨，氨氮 85.64 万吨，总氮 272.27 万吨，总磷 28.49 万吨，动植物油 28.00 万吨，石油类 0.69 万吨，挥发酚 203.55 吨，氰化物 46.84 吨，重金属 154.94 吨。

2017 年，全国大气污染物排放量：二氧化硫 696.32 万吨，氮氧化物 1785.22 万吨，颗粒物 1684.05 万吨。本次普查对部分行业和领域挥发性有机物进行了尝试性调查，排放量 1017.45 万吨。

重点区域（京津冀及周边地区、长三角地区、汾渭平原地区）大气污染物排放量：二氧化硫 179.08 万吨，氮氧化物 602.47 万吨，颗粒物 363.48 万吨，挥发性有机物 417.87 万吨。

## 二、工业源

### （一）基本情况

2017 年末，工业企业或产业活动单位 247.74 万个。

工业源普查对象数量居前 5 位的地区：广东 55.48 万个，浙江 43.18 万个，江苏 25.56 万个，山东 16.62 万个，河北 14.27 万个。上述 5 个地区合计占工业源普查对象总数的 62.61%。

工业源普查对象数量居前 3 位的行业：金属制品业 31.19 万个，非金属矿物制品业 23.08 万个，通用设备制造业 22.68 万个。上述 3 个行业合计占工业源普查对象总数的 31.06%。

### （二）水污染物

2017 年末，工业企业的废水处理设施 33.12 万套，设计处理能力 2.98 亿立方米 / 日，废水年处理量 392.00 亿立方米。

2017 年，水污染物排放量：化学需氧量 90.96 万吨，氨氮 4.45 万吨，总氮 15.57 万吨，总磷 0.79 万吨，石油类 0.77 万吨，挥发酚 244.10 吨，氰化物 54.73 吨，重金属 176.40 吨。

化学需氧量排放量位居前 3 位的行业：农副食品加工业 17.90 万吨，化学原料和化学制品制造业 11.92 万吨，纺织业 10.98 万吨。上述 3 个行业合计占工业源化学需氧量排放量的 44.85%。

氨氮排放量位居前 3 位的行业：化学原料和化学制品制造业 1.09 万吨，农副食品加工业 0.63 万吨，纺织业 0.34 万吨。上述 3 个行业合计占工业源氨氮排放量的 46.29%。

总氮排放量位居前 3 位的行业：化学原料和化学制品制造业 3.84 万吨，农副食品加工业 2.03 万吨，纺织业 1.84 万吨。上述 3 个行业合计占工业源总氮排放量的 49.52%。

总磷排放量位居前 3 位的行业：农副食品加工业 2637.74 吨，化学原料和化学制品制造业 948.79 吨，食品制造业 806.89 吨。上述 3 个行业合计占工业源总磷排放量的 55.61%。

石油类排放量位居前 3 位的行业：汽车制造业 1295.99 吨，金属制品业 1117.91 吨，石油、煤炭及其他燃料加工业 731.69 吨。上述 3 个行业合计占工业源石油类排放量的 40.85%。

挥发酚排放量位居前 3 位的行业：石油、煤炭及其他燃料加工业 160.39 吨，化学原料和化学制品制造业 46.44 吨，黑色金属冶炼和压延加工业 17.74 吨。上述 3 个行业排放量合计占工业源挥发酚排放量的 92.00%。

氰化物排放量位居前 3 位的行业：石油、煤炭及其他燃料加工业 19.78 吨，化学原料和化学制品制造业 15.02 吨，黑色金属冶炼和压延加工业 7.28 吨。上述 3 个行业合计占工业源氰化物排放量的 76.89%。

重金属排放量位居前 3 位的行业：有色金属矿采选业 32.17 吨，金属制品业 26.06 吨，有色金属冶炼和压延加工业 24.26 吨。上述 3 个行业合计占工业源重金属排放量的 46.76%。

### （三）大气污染物

2017 年末，工业企业脱硫设施 7.67 万套，脱硝设施 3.44 万套，除尘设施 89.79 万套。

2017 年，大气污染物排放量：二氧化硫 529.08 万吨，氮氧化物 645.90 万吨，颗粒物 1270.50 万吨，挥发性有机物 481.66 万吨。

二氧化硫排放量位居前 3 位的行业：电力、热力生产和供应业 146.26 万吨，非金属矿物制品业 124.59 万吨，黑色金属冶炼和压延加工业 82.31 万吨。上述 3 个行业合计占工业源二氧化硫排放量的 66.75%。

氮氧化物排放量位居前 3 位的行业：非金属矿物制品业 173.97 万吨，电力、热力生产和供应业 169.24 万吨，黑色金属冶炼和压延加工业 143.42 万吨。上述 3 个行业合计占工业源氮氧化物排放量的 75.34%。

颗粒物排放量位居前 3 位的行业：非金属矿物制品业 371.62 万吨，煤炭开采和洗选业 193.13 万吨，黑色金属冶炼和压延加工业 131.12 万吨。上述 3 个行业合计占工业源颗粒物排放量的 54.77%。

挥发性有机物排放量位居前 3 位的行业：化学原料和化学制品制造业 107.57 万吨，石油、煤炭及其他燃料加工业 67.75 万吨，橡胶和塑料制品业 40.36 万吨。上述 3 个行业合计占工业源挥发性有机物排放量的 44.78%。

### （四）工业固体废物

**1．一般工业固体废物**。2017 年，一般工业固体废物产生量 38.68 亿吨，综合利用量 20.62 亿吨（其中综合利用往年贮存量 3497.84 万吨），处置量 9.43 亿吨（其中处置往年贮存量 3525.71 万吨），本年贮存量 9.31 亿吨，倾倒丢弃量 158.98 万吨。

**2．危险废物**。2017 年，危险废物产生量 6581.45 万吨，综合利用和处置量 5972.78 万吨，年末累积贮存量 8881.16 万吨。

### （五）伴生放射性矿

伴生放射性矿普查对象主要为可能伴生天然放射性核素的 15 个类别矿产采选、冶炼和加工产业活动单位。通过对全国 8 类重点行业 2.97 万家企业的检测筛查，确定伴生放射性矿开发利用企业共 464 家，主要分布在湖南、广东、广西、江西、云南、贵州、内蒙古等省（区），以锆石和氧化锆、稀土等矿产为主。

2017 年末，全国伴生放射性固体废物累积贮存量为 20.30 亿吨，其中放射性活度浓度超过 10 贝可 / 克的固体废物主要为稀土、铌 / 钽、锆石和氧化锆、铅 / 锌、锗 / 钛、铁等矿产，总量为 224.95 万吨。

## 三、农业源

### （一）基本情况

涉及种植业的区县 3061 个，水产养殖业的区县 2843 个，畜禽养殖业的区县 2981 个，入户调查畜禽规模养殖场 37.88 万个。

2017 年，农业源水污染物排放量：化学需氧量 1067.13 万吨，氨氮 21.62 万吨，总氮 141.49 万吨，总磷 21.20 万吨。

### （二）种植业

2017 年，水污染物排放（流失）量：氨氮 8.30 万吨，总氮 71.95 万吨，总磷 7.62 万吨。

2017 年，秸秆产生量 8.05 亿吨，秸秆可收集资源量 6.74 亿吨，秸秆利用量 5.85 亿吨。

2017 年，地膜使用量 141.93 万吨，多年累积残留量 118.48 万吨。

### （三）畜禽养殖业

2017 年，水污染物排放量：化学需氧量 1000.53 万吨，氨氮 11.09 万吨，总氮 59.63 万吨，总磷 11.97 万吨。

其中，畜禽规模养殖场水污染物排放量：化学需氧量 604.83 万吨，氨氮 7.50 万吨，总氮 37.00 万吨，总磷 8.04 万吨。

### （四）水产养殖业

2017 年，水污染物排放量：化学需氧量 66.60 万吨，氨氮 2.23 万吨，总氮 9.91 万吨，总磷 1.61 万吨。

## 四、生活源

### （一）基本情况

生活源普查对象 63.95 万个。其中：行政村 44.61 万个，非工业企业单位锅炉 9.62 万个,对外营业的储油库和加油站分别为 0.14 万个、9.58 万个。城镇居民生活源以城市市区、县城(含建制镇)为基本调查单元。

### (二)水污染物

2017 年,生活源水污染物排放量:化学需氧量 983.44 万吨,氨氮 69.91 万吨,总氮 146.52 万吨,总磷 9.54 万吨,动植物油 30.97 万吨。

其中,城镇生活源水污染物排放量:化学需氧量 483.82 万吨,氨氮 45.41 万吨,总氮 101.87 万吨,总磷 5.85 万吨,动植物油 11.17 万吨。农村生活源水污染物排放量:化学需氧量 499.62 万吨,氨氮 24.50 万吨,总氮 44.65 万吨,总磷 3.69 万吨,动植物油 19.80 万吨。

### (三)大气污染物

2017 年,生活源大气污染物排放量:二氧化硫 124.72 万吨,氮氧化物 72.92 万吨,颗粒物 378.12 万吨,挥发性有机物 296.63 万吨。

## 五、集中式污染治理设施

### (一)基本情况

2017 年末,集中式污水处理单位 78048 个,生活垃圾集中处理处置单位 4449 个,危险废物集中利用处置(处理)单位 1467 个。

2017 年,垃圾处理和危险废物(医疗废物)处置废水(渗滤液)污染物排放量:化学需氧量 2.45 万吨,氨氮 0.36 万吨,总氮 0.56 万吨,总磷 113.10 吨,重金属 6.14 吨。

2017 年,垃圾焚烧、危险废物(医疗废物)焚烧废气污染物排放量:二氧化硫 0.44 万吨,氮氧化物 1.52 万吨,颗粒物 0.42 万吨。

### (二)集中式污水处理情况

2017 年,城镇污水处理厂 8969 个,处理污水 595.75 亿立方米;工业污水集中处理厂 1520 个,处理污水 40.75 亿立方米;农村集中式污水处理设施 66612 个,处理污水 10.26 亿立方米;其他污水处理设施 947 个,处理污水 5.37 亿立方米。污水年处理总量 652.14 亿立方米。

2017 年，水污染物削减量：化学需氧量 1523.40 万吨，氨氮 144.43 万吨，总氮 153.40 万吨，总磷 21.75 万吨，动植物油 21.28 万吨。

2017 年，干污泥产生量 1026.71 万吨，处置量 1000.59 万吨。

### （三）生活垃圾集中处理处置情况

2017 年，垃圾处理量 3.39 亿吨，其中：填埋 2.26 亿吨，焚烧 0.93 亿吨，其他方式处理 0.20 亿吨。

### （四）危险废物集中利用处置（处理）情况

2017 年，危险废物处置厂 1125 个，医疗废物处理（处置）厂 342 个。设计处置利用能力 4691.53 万吨／年，实际处置利用危险废物 1584.41 万吨。

其中，处置工业危险废物 487.92 万吨、医疗废物 97.11 万吨、其他危险废物 57.10 万吨，综合利用危险废物 942.28 万吨。

## 六、移动源

### （一）基本情况

移动源普查对象包括机动车和非道路移动源。2017 年末，统计汇总机动车保有量 2.67 亿辆，工程机械保有量 413.20 万台，农业机械柴油总动力 7.62 亿千瓦，营运船舶数量 27.82 万艘，铁路内燃机车燃油消耗量 246.18 万吨，民航飞机起降架次 1024.89 万次。

2017 年，大气污染物排放量：二氧化硫 42.08 万吨，氮氧化物 1064.88 万吨，颗粒物 35.01 万吨，挥发性有机物 239.16 万吨。

### （二）机动车污染源

2017 年，大气污染物排放量：氮氧化物 595.14 万吨，颗粒物 9.58 万吨，挥发性有机物 196.28 万吨。

### （三）非道路移动污染源

2017 年，大气污染物排放量：二氧化硫 42.08 万吨，氮氧化物 469.74 万吨，颗粒物 25.43 万吨，挥发性有机物 42.88 万吨。其中：

工程机械排放氮氧化物 157.32 万吨，颗粒物 6.89 万吨，挥发性有机物

19.22 万吨；

　　农业机械排放氮氧化物 189.30 万吨，颗粒物 9.37 万吨，挥发性有机物 22.45 万吨；

　　营运船舶在核算水域排放二氧化硫 42.08 万吨，氮氧化物 102.48 万吨，颗粒物 8.44 万吨；

　　铁路内燃机车排放氮氧化物 13.37 万吨，颗粒物 0.49 万吨，挥发性有机物 0.72 万吨；

　　民航飞机排放氮氧化物 7.27 万吨，颗粒物 0.24 万吨，挥发性有机物 0.49 万吨。

## 注　释

　　本公报资料未包括香港特别行政区、澳门特别行政区和台湾省。

　　京津冀及周边地区：包含北京市，天津市，河北省石家庄、唐山、邯郸、邢台、保定、沧州、廊坊、衡水市以及雄安新区，山西省太原、阳泉、长治、晋城市，山东省济南、淄博、济宁、德州、聊城、滨州、菏泽市，河南省郑州、开封、安阳、鹤壁、新乡、焦作、濮阳市。

　　长三角地区：包含上海市、江苏省、浙江省和安徽省。

　　汾渭平原地区：包含山西省晋中、运城、临汾、吕梁市，河南省洛阳、三门峡市，陕西省西安、铜川、宝鸡、咸阳、渭南市以及杨凌示范区。

　　工业源普查范围：包括《国民经济行业分类》（GB/T 4754—2017）中采矿业，制造业，电力、热力、燃气及水生产和供应业 3 个门类中 41 个工业大类行业的全部工业企业或产业活动单位。可能伴生天然放射性核素的 8 类重点行业 15 个类别矿产采选、冶炼和加工产业活动单位。不包括污水处理及其再生利用（行业代码为 4620）企业。

　　农业源普查范围：包括种植业、畜禽养殖业（生猪全年出栏量 ≥ 50 头、奶牛年末存栏量 ≥ 5 头、肉牛全年出栏量 ≥ 10 头、蛋鸡年末存栏量 ≥ 500 羽、肉鸡全年出栏量 ≥ 2000 羽）、水产养殖业（不含藻类）。

　　生活源普查范围：包括城乡居民生活污水产生、排放情况，城乡居民能源使用情况，非工业企业单位锅炉，对外营业的储油库和加油站。

集中式污染治理设施普查范围：包括集中式污水处理单位、生活垃圾集中处理处置单位、危险废物集中利用处置（处理）单位。

移动源普查范围：包括机动车和非道路移动源，以行政区为单位统计调查。非道路移动源包括飞机、营运船舶、铁路内燃机车和工程机械、农业机械（含机动渔船）。

营运船舶核算水域范围：包括内河及沿海水域。其中，沿海水域核算范围为交通运输部印发的《船舶大气污染物排放控制区实施方案》（交海发〔2018〕168号）中沿海控制区范围。

工业源水污染物排放量：指污染物未经处理或处理后排入环境的量。

伴生放射性矿：指原矿、中间产品、尾矿（渣）或者其他残留物中铀（钍）系单个核素含量超过1贝可/克的非铀（钍）矿。

挥发性有机物普查与核算口径：按照可统计原则，对部分行业和领域人为排放源进行了尝试性调查，核算范围包括工业企业燃料燃烧及重点行业工业产品生产工艺排放；城乡居民生活燃煤、餐饮油烟、家庭日化用品、城市新建房屋装饰、沥青道路铺装，对外营业的储油库和加油站；机动车和非道路移动源（不包括船舶）。

公报中合计数和部分计算数据因小数取舍而产生的误差，均未作机械调整。

# Bulletin on the Second National Census of Pollution Sources

Ministry of Ecology and Environment of the People's Republic of China

National Bureau of Statistics

Ministry of Agriculture and Rural Affairs of the People's Republic of China

8 June 2020

As per the stipulations of the *Regulations on National Census of Pollution Sources* as well as the request of the *Notice of the State Council on Launching the Second National Census of Pollution Sources* (Guofa〔2016〕No. 59), the work for the Second National Census of Pollution Sources is undertaken.

The reference time for the Census is December 31$^{st}$, 2017 with the referenced materials from the entire year of 2017. The respondents of the Census includes the industrial pollution sources (hereinafter referred to as the "industrial sources"), agricultural pollution sources (hereinafter referred to as the "agricultural sources"), domestic pollution sources (hereinafter referred to as the "domestic sources"), centralized pollution treatment facilities and mobile sources within China.

In line with the leadership and plans of the CPC Central Committee and the State Council, various regions, departments and organizations for the Census at different levels have made careful planning and elaborate organization over this work. With the selfless dedication and painstaking efforts of all enumerators, and strong support and active participation of the huge number of respondents, the mission of the Second National Census of Pollution Sources have been fully accomplished. As a result, the baseline situation, emission and discharge volume of major pollutants, and pollution treatment progress of various types of pollution have been clearly found out, and key pollution source records and pollution source database have been established. The main results are published hereby as follows:

## I. Overview

### 1. Quantity of Various Types of Respondents

The overall respondents across the nation numbered 3,583,200 (excluding mobile sources)at the end of 2017, including 2,477,400 industrial sources, 378,800 livestock and poultry breeding farms of scale, 639,500 domestic sources, and 8,4000 centralized pollution treatment facilities. The number of respondents in form of administrative districts accounted for 3,497.

### 2. Discharge and Emission Volume of Pollutants

National discharge volume of water pollutants in 2017: 21,439,800 tonnes of Chemical Oxygen Demand (COD), 963,400 tonnes of ammonia nitrogen, 3,041,400 tonnes of total nitrogen, 315,400 tonnes of total phosphorous, 309,700 tonnes of animal and plant oil, 7700 tonnes of petroleum, 244.10 tonnes of volatile phenol, 54.73 tonnes of cyanide and 182.54 tonnes of heavy metals (namely lead, mercury, cadmium, chromium and arsenic, the same reference being applicable to all such terms hereinafter unless otherwise indicated).

The discharge volume of water pollutants in the 7 major water basins (the Yangtze River, the Yellow River, the Pearl River, the Songhua River, the Huai River, the Hai River and the Liao River): 19,574,800 tonnes of COD, 856,400 tonnes of ammonia nitrogen, 2,722,700 tonnes of total nitrogen, 284,900 tonnes of total phosphorous, 280,000 tonnes of animal and plant oil, 6,900 tonnes of petroleum, 203.55 tonnes of volatile phenol, 46.84 tonnes of cyanide, and 154.94 tonnes of heavy metals.

National emission volume of air pollutants in 2017: 6,963,200 tonnes of $SO_2$, 17,852,200 tonnes of $NO_x$ and 16,840,500 tonnes of Particulate Matter (PM). In this Census, a trial census on Volatile Organic Compounds (VOCs) was also conducted in certain industries and sectors, showing that its emission volume totals 10,174,500 tonnes.

The emission volume of air pollutants in key regions (the Beijing–Tianjin–Hebei

Region and its adjacent areas, the Yangtze River Delta Area, and the Fen-Wei Plain Area): 1,790,800 tonnes of $SO_2$, 6,024,700 tonnes of $NO_x$, 3,634,800 tonnes of PM and 4,178,700 tonnes of VOCs.

## II. Industrial Sources

### 1. Basic Information

The Census covered 2,477,400 respondents from industrial enterprises or entities engaged in industrial activities by the end of 2017.

The top 5 regions in terms of the number of respondents of industrial sources were as follows: 554,800 in Guangdong Province, 431,800 in Zhejiang Province, 255,600 in Jiangsu Province, 166,200 in Shandong Province and 142,700 in Hebei Province, totally accounting for 62.61% of all the respondents of industrial sources.

The top 3 industries in terms of the number of respondents of industrial sources were as follows: 311,900 in the sector of metal products, 230,800 in the sector of non-metallic mineral products and 226,800 in the general equipment manufacturing sector, totally accounting for 31.06% of all the respondents of industrial sources.

### 2. Water Pollutants

The wastewater treatment facilities of industrial enterprises numbered 331,200 sets with the designed daily treatment capacity of 298 million $m^3$, and the actual annual waste water treatment amount was 39.2 billion $m^3$ at the end of 2017.

The discharge volume of water pollutants in 2017: 909,600 tonnes of COD, 44,500 tonnes of ammonia nitrogen, 155,700 tonnes of total nitrogen, 7,900 tonnes of total phosphorous, 7,700 tonnes of petroleum, 244.1 tonnes of volatile phenol, 54.73 tonnes of cyanide, and 176.40 tonnes of heavy metals.

The top 3 sectors in terms of the discharge volume of COD were as follows: 179,000 tonnes in the agricultural and sideline food processing sector, 119,200 tonnes in the chemical raw materials and chemical manufacturing sector and 109,800 tonnes in the textile sector, taking up 44.85% of the total discharge volume of COD from industrial sources.

The top 3 sectors in terms of the discharge volume of ammonia nitrogen were as follows: 10,900 tonnes in the chemical raw materials and chemical manufacturing sector, 6,300 tonnes in the agricultural and sideline food processing sector and 3,400 tonnes in the textile sector, taking up 46.29% of the total discharge volume of ammonia nitrogen from industrial sources.

The top 3 sectors in terms of the discharge volume of total nitrogen were as follows: 38,400 tonnes in the chemical raw materials and chemical manufacturing sector, 20,300 tonnes in the agricultural and sideline food processing sector and 18,400 tonnes in the textile sector, taking up 49.52% of the discharge volume of total nitrogen from industrial sources.

The top 3 sectors in terms of the discharge volume of total phosphorous were as follows: 2,637.74 tonnes in the processing of food from agricultural products, 948.79 tonnes in the chemical raw materials and chemical manufacturing sector, and 806.89 tonnes in the food manufacturing sector, accounting for 55.61% of the discharge volume of total phosphorous from industrial sources.

The top 3 sectors in terms of the discharge volume of petroleum were as follows: 1,295.99 tonnes in the automobile manufacturing sector, 1,117.91 tonnes in the metal products sector and 731.69 tonnes in the petroleum, coal and other fuel processing sectors, accounting for 40.85% of the total discharge volume of petroleum from industrial sources.

The top 3 industries in terms of the discharge volume of volatile phenol were as follows: 160.39 tonnes in the petroleum, coal and other fuel processing sectors, 46.44 tonnes in the chemical raw materials and chemical manufacturing sector and 17.74 tonnes in the ferrous metal smelting, rolling and processing sector, accounting for 92.00% of the total discharge volume of volatile phenol from industrial sources.

The top 3 industries in terms of the discharge volume of cyanide were as follows:

19.78 tonnes in the petroleum, coal and other fuel processing    sectors, 15.02 tonnes in the chemical raw materials and chemical manufacturing sector and 7.28 tonnes in the ferrous metal smelting, rolling and processing sector, accounting for 76.89% of the total discharge volume of cyanide from industrial sources.

The top 3 industries in terms of the discharge volume of heavy metals were as follows: 32.17 tonnes in the non-ferrous metal mining and dressing sector, 26.06 tonnes in the metal products sector and 24.26 tonnes in the non-ferrous metal smelting, rolling and processing sector, accounting for 46.76% of the total discharge volume of heavy metals from industrial sources.

### 3. Air Pollutants

There were 76,700 sets of desulphurization equipment, 34,400 sets of denitrification equipment, and 897,900 sets of dust removal equipment in industrial enterprises at the end of 2017.

The emission volume of air pollutants in 2017: 5,290,800 tonnes of $SO_2$, 6,459,000 tonnes of $NO_x$, 12,705,000 tonnes of PM and 4,816,600 tonnes of VOCs.

The top 3 industries in terms of the emission volume of $SO_2$ were as follows: 1,462,600 tonnes in the sector of power and thermal production and supply, 1,245,900 tonnes in the non-metallic mineral products sector and 823,100 tonnes in the ferrous metal smelting, rolling and processing sector, accounting for 66.75% of the total discharge volume of $SO_2$ from industrial sources.

The top 3 industries in terms of the emission volume of $NO_x$ were as follows: 1,739,700 tonnes in the sector of non-metallic mineral products, 1,692,400 tonnes in the power and thermal production and supply sector, and 1,434,200 tonnes in the ferrous metal smelting, rolling and processing sector, taking up 75.34% of the total discharge volume of $NO_x$ from industrial sources.

The top 3 industries in terms of the emission volume of PM were as follows: 3,716,200 tonnes in the sector of non-metallic mineral products industry, 1,931,300 tonnes in the coal mining and washing sector, and 1,311,200 tonnes in the ferrous metal smelting, rolling and processing sector, accounting for 54.77% of the total discharge volume of PM from industrial sources.

The top 3 industries in terms of the emission volume of VOCs were as follows: 1,075,700 tonnes in the sector of chemical raw materials and chemical manufacturing, 677,500 tonnes in the petroleum, coal and other fuel processing sectors and 403,600 tonnes in the rubber and plastic products sector, accounting for 44.78% of the total discharge volume of VOCs from industrial sources.

### 4. Industrial Solid Wastes

(1) Regular industrial solid wastes. In 2017, the generation of regular industrial solid wastes stood at 3.868 billion tonnes, of which 2.062 billion tonnes was put for comprehensive utilization (including 34,978,400 tonnes of previous storage), 943 million tonnes was put for treatment (including 35,257,100 tonnes of previous storage), 931 million tonnes was put into storage during that year, and 1,589,800 tonnes was dumped or discarded.

(2) Hazardous Wastes. In 2017, the generation of hazardous wastes totalled 65,814,500 tonnes, of which 59,727,800 tonnes was put for comprehensive utilization and disposal, and the accumulated storage volume amounted to 88,811,600 tonnes at the end of the year.

### 5. Associated Radioactive Mines (NORMs)

The respondents regarding associated radioactive mines (NORMs) mainly included operators engaged in the mining, smelting and processing of 15 kinds of minerals that might be associated with natural radionuclides. Based on the on-site detection and screening of 29,700 enterprises in 8 key industries of the whole country, the results showed there were 464 enterprises identified in exploring and utilizing NORMs, most of which were located in such provinces (or autonomous regions) as Hunan, Guangdong, Guangxi, Jiangxi, Yunnan, Guizhou and Inner Mongolia, with main minerals including zircon and zirconia and rare earths.

The result showed that by the end of 2017, the accumulative storage of associated radioactive solid wastes in the whole country was 2.03 billion tonnes, among which the solid wastes with the radioactivity concentration above 10 Bq/g were mainly rare earths, niobium/tantalum, zircon and zirconia, lead/zinc, germanium/titanium and iron, amounting to 2,249,500 tonnes.

### III. Agricultural Sources

#### 1. Basic Information

The Census covered 3,061 districts and counties engaged in plantation industry, 2,843 districts and counties engaged in aquaculture industry, and 2,981 districts and counties engaged in livestock and poultry husbandry. The on–site Census was conducted to over 378,800 livestock and poultry husbandry farms of scale.

The discharge volume of water pollutants from agricultural sources in 2017: 10,671,300 tonnes of COD, 216,200 tonnes of ammonia nitrogen, 1,414,900 tonnes of total nitrogen and 212,000 tonnes of total phosphorous.

#### 2. Plantation Industry

The discharge (runoff) volume of water pollutants in 2017: 83,000 tonnes of ammonia nitrogen, 719,500 tonnes of total nitrogen and 76,200 tonnes of total phosphorous.

The year 2017 witnessed the generation volume of stalk reach 805 million tonnes, among which 674 million tonnes could be collected as resources, and 585 million tonnes were put for utilization.

The usage volume of mulching film was 1,419,300 tonnes in 2017, with the accumulated residual volume of 1,184,800 tonnes over the past years.

#### 3. Livestock and Poultry Husbandry Industry

The discharge volume of water pollutants in 2017: 10,005,300 tonnes of COD, 110,900 tonnes of ammonia nitrogen, 596,300 tonnes of total nitrogen and 119,700 tonnes of total phosphorous.

Specifically, the discharge volume of water pollutants from livestock and poultry husbandry farms of scale: 6,048,300 tonnes of COD, 75,000 tonnes of ammonia nitrogen, 370,000 tonnes of total nitrogen and 80,400 tonnes of total phosphorous.

### 4. Aquaculture Industry

The discharge volume of water pollutants in 2017: 666,000 tonnes of COD, 22,300 tonnes of ammonia nitrogen, 99,100 tonnes of total nitrogen and 16,100 tonnes of total phosphorous.

### IV. Domestic Sources

### 1. Basic Information

The Census on pollutants from domestic sources covered 639,500 objects, including 446,100 administrative villages, 96,200 public boilers of non-industrial enterprises, 1,400 oil storage depots open for business and 95,800 gas stations. The basic census unit for urban domestic sources included urban area and county town (including towns established by the provincial-level government).

### 2. Water Pollutants

The discharge volume of water pollutants from domestic sources in 2017: 9,834,400 tonnes of COD, 699,100 tonnes of ammonia nitrogen, 1,465,200 tonnes of total nitrogen, 95,400 tonnes of total phosphorous and 309,700 tonnes of animal and plant oil.

Specifically, the discharge volume of water pollutants from urban domestic sources: 4,838,200 tonnes of COD, 454,100 tonnes of ammonia nitrogen, 1,018,700 tonnes of total nitrogen, 58,500 tonnes of total phosphorous and 111,700 tonnes of animal and plant oil.

The discharge volume of water pollutants from rural domestic sources: 4,996,200 tonnes of COD, 245,000 tonnes of ammonia nitrogen, 446,500 tonnes of total nitrogen, 36,900 tonnes of total phosphorous and 198,000 tonnes of animal and plant oil.

### 3.Air Pollutants

The emission volume of air pollutants from domestic sources in 2017: 1,247,200 tonnes of $SO_2$, 729,200 tonnes of $NO_x$, 3,781,200 tonnes of PM and 2,966,300 tonnes of VOCs.

### V. Centralized Pollution Treatment Facilities

### 1. Basic Information

By the end of 2017, the Census covered 78,048 centralized wastewater treatment units, 4,449 centralized treatment and disposal units of domestic refuse and 1,467 centralized utilization and disposal (treatment) units of hazardous wastes.

The discharge volume of wastewater (leachate) from refuse treatment and hazardous wastes (medical wastes) disposal in 2017: 24,500 tonnes of COD, 3,600 tonnes of ammonia nitrogen, 5,600 tonnes of total nitrogen, 113.10 tonnes of total phosphorous and 6.14 tonnes of heavy metals.

The discharge volume of exhaust pollutants from the incineration of refuse and hazardous wastes (medical wastes) in 2017: 4,400 tonnes of $SO_2$, 15,200 tonnes of $NO_x$ and 4,200 tonnes of PM.

### 2. Information of Centralized Wastewater Treatment

The year 2017 saw 8,969 urban wastewater treatment plants, treating 59.575 billion $m^3$ of wastewater; 1,520 centralized industrial wastewater plants, treating 4.075 billion $m^3$; 66,612 rural centralized wastewater treatment facilities, treating 1.026 billion $m^3$; and 947 other wastewater treatment facilities, treating 537 million $m^3$. The total annual wastewater treatment capacity stood at 65.214 billion $m^3$.

The reduction volume of water pollutants in 2017: 15,234,000 tonnes of COD, 1,444,300 tonnes of ammonia nitrogen, 1,534,000 tonnes of total nitrogen, 217,500 tonnes of total phosphorous and 212,800 tonnes of animal and plant oil.

The production volume of dewatered sludge in 2017 was 10,267,100 tonnes, among which 10,005,900 tonnes was disposed of.

### 3. Information of Centralized Treatment and Disposal of Domestic Refuse

In 2017, the treatment amount of refuse numbered 339 million tonnes, among which 226 million tonnes had gone to the landfill, 93 million tonnes had been incinerated, and 20 million tonnes had been treated with other methods.

### 4. Information of Centralized Utilization and Disposal (Treatment) of Hazardous Wastes

The Census covered 1,125 hazardous waste disposal plants and 342 medical waste treatment (disposal) plants in 2017, with the designed disposal and utilization capacity of 46,915,300 tonnes per year and the actual disposal and utilization volume of 15,844,100 tonnes of hazardous wastes.

Specifically, 4,879,200 tonnes of industrial hazardous wastes, 971,100 tonnes of medical wastes and 571,000 hazardous wastes of other types had been disposed of, and 9,422,800 tonnes of hazardous wastes had been comprehensively utilized.

### VI. Mobile Sources

### 1. Basic Information

The respondents of mobile sources included automobiles and non-road mobile sources, which covered 267 million automobiles, 4,132,000 construction machines, 762 gigawatts of power from diesel-fueled agricultural machines, 278,200 shipping vessels in service, 2,461,800 tonnes of oil consumption by railway diesel locomotives, and 10,248,900 times of departure and landing of civil aviation aircrafts.

The emission volume of air pollutants in 2017: 420,800 tonnes of $SO_2$, 10,648,800 tonnes of $NO_x$, 350,100 tonnes of PM and 2,391,600 tonnes of VOCs.

### 2. Automobile Pollution Sources

The emission volume of air pollutants in 2017: 5,951,400 tonnes of $NO_x$, 95,800 tonnes of PM and 1,962,800 tonnes of VOCs.

### 3. Non-road Mobile Pollution Sources

The emission volume of air pollutants in 2017: 420,800 tonnes of $SO_2$, 4,697,400 tonnes of $NO_x$, 254,300 tonnes of PM and 428,800 tonnes of VOCs, among which:

1,573,200 tonnes of $NO_x$, 68,900 tonnes of PM and 192,200 tonnes of VOCs were from construction machinery;

1,893,000 tonnes of $NO_x$, 93,700 tonnes of PM and 224,500 tonnes of VOCs were from agricultural machinery;

420,800 tonnes of $SO_2$, 1,024,800 tonnes of $NO_x$ and 84,400 tonnes of PM discharged to the water area under calculation were from shipping vessels in service;

133,700 tonnes of $NO_x$, 4,900 tonnes of PM and 7,200 tonnes of VOCs were from railway diesel locomotives;

72,700 tonnes of $NO_x$, 2,400 tonnes of PM and 4,900 tonnes of VOCs were from civil aviation aircrafts.

Note:

The materials used in this Bulletin excludes those from Hong Kong Special Administrative Region, Macao Special Administrative Region and Taiwan Province.

The Beijing–Tianjin–Hebei region and its adjacent areas include Beijing Municipality; Tianjin Municipality; cities and areas in Hebei Province including Shijiazhuang, Tangshan, Handan, Xingtai, Baoding, Cangzhou, Langfang, Hengshui and Xiong'an New Area; cities in Shanxi Province, namely, Taiyuan, Yangquan, Changzhi and Jincheng; cities in Shandong Province, i.e., Jinan, Zibo, Jining, Dezhou, Liaocheng, Binzhou and Heze; and cities in Henan Province that are Zhengzhou, Kaifeng, Anyang, Hebi, Xinxiang, Jiaozuo and Puyang (Dingzhou and Xinji of Hebei Province, and Jiyuan of Henan Province are also included).

The Yangtze River Delta area includes Shanghai Municipality, Jiangsu Province, Zhejiang Province and Anhui Province.

Fen–Wei Plain Area includes cities of Jinzhong, Yuncheng, Linfen and Luliang in Shanxi Province; Luoyang and Sanmenxia of Henan Province; and cities and zones in Shaanxi Province, i.e., Xi'an, Tongchuan, Baoji, Xianyang, Weinan and Yangling

Demonstration Zone (Xixian New Area and Hancheng City of Shaanxi Province are also included).

The scope of Census on industrial sources covers all the industrial enterprises or units engaged in industrial activities in the 41 industrial sectors under the 3 categories, namely, mining, manufacturing as well as the production and supply of power, heating, gas and water identified in *The Industrial Classification for National Economic Activities* (GB/T 4754—2017). It also covers units engaged in industrial activities of mineral mining, smelting and processing in the 15 industrial sectors under 8 key industries that may associate natural radionuclide, while excludes enterprises engaged in wastewater treatment and the relevant recycled utilization (with the industrial code of 4,620).

The scope of Census on agricultural sources covers plantation, livestock and poultry husbandry (live pigs $\geqslant$ 50, dairy cattle $\geqslant$ 5, beef cattle $\geqslant$ 10, layers $\geqslant$ 500 and broilers $\geqslant$ 2,000) and aquaculture industry (excluding algae).

The scope of Census on domestic sources covers production and discharge of urban and rural domestic wastewater, energy usage of urban and rural residents, the public boiler of non–industrial enterprises and oil storage depots and gas stations open for business.

The scope of Census on centralized pollution treatment facilities covers centralized wastewater treatment units, centralized domestic refuse treatment and disposal units and centralized hazardous waste utilization and disposal (treatment) units.

The scope of Census on mobile sources covers automobiles and non–road mobile sources counted and surveyed per the unit of administrative district. Non–road mobile sources include airplanes, shipping vessels in service, railway diesel locomotives and construction machinery as well as agricultural machinery (including motorized fishing vessels).

The scope of water area under calculation for shipping vessels in service covers inland rivers and coastal waters, among which the scope for coastal waters is the controlled coastal area designated in *The Implementation Plan for Air Pollutants Control Area for Shipping Vessels* (Jiaohaifa 〔2018〕 No. 168) issued by the Ministry of Transport.

The discharge volume of water pollutants from industrial sources refers to the volume of untreated/post-treatment pollutants discharged into the environment.

Associated radioactive mines refer to non-uranium (thorium) mines with the content of single nuclide of uranium (thorium) exceeding 1 Bq/g in raw ores, intermediates, tailings or other residues.

The calibration for the Census and calculation of VOCs: in line with statistical principle, a trial census has been conducted on anthropogenic emission from some industries and fields. The calculation scope covers the following areas: emission from fuel incineration of industrial enterprises and manufacturing techniques of industrial products of key industries; domestic coal burning by urban and rural residents, cooking fume from the catering industry, household chemicals, decoration of urban newly-built houses, road paving with asphalt, oil depots and gas stations open for business; and automobiles and non-road mobile sources (excluding shipping vessels).

All the errors derived from the rounding of decimals in totals and some calculated figures in this Bulletin have not been mechanically adjusted.

# 2

第二次全国污染源普查大事记

# 2016年

**2016 年 10 月 20 日** 国务院印发《国务院关于开展第二次全国污染源普查的通知》（国发〔2016〕59 号），决定于 2017 年开展第二次全国污染源普查。为加强组织领导，国务院决定成立第二次全国污染源普查领导小组，负责领导和协调全国污染源普查工作，国务院副总理张高丽任组长，环境保护部部长陈吉宁、国家统计局局长宁吉喆、国务院副秘书长丁向阳任副组长，成员

000398

## 国务院文件

国发〔2016〕59 号

### 国务院关于开展第二次全国污染源普查的通知

各省、自治区、直辖市人民政府，国务院各部委、各直属机构：

根据《全国污染源普查条例》规定，国务院决定于 2017 年开展第二次全国污染源普查。现将有关事项通知如下：

一、普查目的和意义

全国污染源普查是重大的国情调查，是环境保护的基础性工作。开展第二次全国污染源普查，掌握各类污染源的数量、行业和地区分布情况，了解主要污染物产生、排放和处理情况，建立健全重点污染源档案、污染源信息数据库和环境统计平台，对于准确判断我国当前环境形势，制定实施有针对性的经济社会发展和环境保护政策、规划，不断改善环境质量，加快推进生态文明

— 1 —

由国务院新闻办、国家发展改革委、工业和信息化部、公安部、财政部、国土资源部、环境保护部、住房城乡建设部、交通运输部、水利部、农业部、国家税务总局、工商总局、质检总局、中央军委后勤保障部等 15 个部门组成。领导小组办公室设在环境保护部，主任由环境保护部副部长翟青兼任。《国务院关于开展第二次全国污染源普查的通知》明确了普查的目的和意义、普查对象和内容、普查时间安排、普查组织和实施、普查经费保障、普查工作要求六个方面的内容。

# 2017年

**2017年2月12日** 为落实《国务院关于开展第二次全国污染源普查的通知》（国发〔2016〕59号）精神，环境保护部印发《关于成立第二次全国污染源普查工作办公室的通知》（环人事函〔2017〕35号），决定成立第二次全国污染源普查工作办公室（简称普查办）。普查办是国务院第二次全国污染源普查领导小组及其办公室的工作机构，具体负责第二次全国污染源普查工作。普查办为临时机构，污染源普查工作结束后该临时机构自行撤销。普查办设综合组、督办组、技术组、宣传组4个工作组，由部机关、部属单位选调人员专职从事污染源普查工作。

**2017年3月2日** 环境保护部办公厅印发《关于印发第二次全国污染源普查工作办公室人员组成的通知》（环办人事〔2017〕13号），明确洪亚雄任普查办主任，于飞、刘舒生任副主任，并确定综合组、督办组、技术组和宣传组的组长、副组长人员。通知要求根据工作需要，适时选调其他人员参加普查办工作。

**2017 年 3 月 3 日**　普查办在环境保护部组织召开第二次全国污染源普查方案部内沟通协调会。环境保护部办公厅、规财司、科技司、环评司、监测司、水司、大气司、土壤司、核三司、环监局、应急中心的负责同志参加会议，并对普查方案提出意见。

**2017 年 3 月 6 日**　第二次全国污染源普查工作办公室成立大会在京召开，国务院第二次全国污染源普查领导小组成员兼办公室主任、环境保护部副部长翟青出席并作重要讲话。翟青副部长指出，部党组高度重视第二次全国污染源普查工作，抽调相关单位的精兵强将，把队伍建立起来；参与的同志要认真学习国务院通知精神，充分认识普查工作的重要性、艰巨性和紧迫性。普查办应尽快成立党支部，认真做好各项制度保障工作，不断加强队伍建设。翟青副部长要求，普查办人员要尽快到岗，集中精力，稳扎稳打，加强学习调研，迅速打开工作局面；要尽快建立健全规章制度，充分研究重大事项，自觉执行各项纪律，相互协作互补，共同完成普查任务。

**2017 年 3 月 23 日**　第二次全国污染源普查领导小组副组长、环境保护部部长陈吉宁主持召开专题会议，听取《第二次全国污染源普查方案》汇报，翟青副部长，办公厅、规财司、政法司、人事司、科技司、环评司、监测司、水司、大气司、土壤司、生态司、核三司、督察办、环监局、宣教司、普查办、应急中心、中国环境科学研究院、中国环境监测总站、环境保护部南京环境科学研究所、环境保护部华南环境科学研究所、环境保护部环境规划院、环境保护部环境工程评估中心、环境保护部信息中心等部门和单位的主要负责同志参加会议。会议原则通过《第二次全国污染源普查方案》（建议稿），要求普查办进一步修改完善，征求领导小组成员单位意见后按程序报批。

**2017 年 3 月 28 日**　国务院第二次全国污染源普查领导小组办公室联络员会议在京召开，中共中央宣传部等 15 个部委的联络员参加会议。会议听取了各部委对普查方案的意见和建议。会议指出，第二次全国污染源普查工作的核心目标是服务环境质量改善，其侧重点、原则、工作方式等均与第一次全国污染源普查有所区别，未来普查成果可以与各部委共享，希望参与部门能够及时提供已有数据和相关资料，共同把第二次全国污染源普查工作做好。各部委联络员表示，将及时提供相关的信息资料，积极参与普查各项工作，共同完成好本次普查任务。

**2017 年 4 月**　普查办先后邀请北京大学城市与环境学院陶澍院士、国家统计局农村司首席统计师韦革研究员、中国环境科学研究院大气环境领域首席科学家柴发合研究员、北京大学环境科学与工程学院副院长邵敏教授、北京大学城市与环境学院周丰教授、华南理工大学环境与能源学院院长叶代启教授、环境保护部环境规划院水环境规划部主任王东研究员、大气环境规划部主任雷宇研究员、河海大学环境规划与评价研究所所长逄勇教授等专家为普查办工作人员开展系列讲座。

**2017 年 4 月 12 日**　为及时向普查工作各级领导、各相关部门通报工作进展及沟通情况，同时向有关方面介绍本次普查的工作动态，以"第二次全国污染源普查工作办公室"名义印发《第二次全国污染源普查工作简报》。内容包括党中央、国务院和部领导的重要指示，普查各项工作进展情况等。

**2017 年 4 月 24—27 日**　普查办与辐射源安全监管司在湖南组织开展第二次全国污染源普查伴生放射性矿普查实验室比对工作。此项工作由部核与辐射安全中心负责技术支持，各省（自治区、直辖市）环境保护厅（局）的 110 多位技术骨干参加。

**2017 年 5 月 3—18 日**　为完善《第二次全国污染源普查方案》，了解各地区普查工作基础情况，普查办赴山东、四川、广东和陕西 4 省进行调研，并分片区组织全国各省（自治区、直辖市）和新疆生产建设兵团以及部分区县相关普查部门进行座谈。同时，为做好普查名录库建库工作，普查办调研组走访了中国南方电网公司和陕西省地方电网（有限）公司。

**2017 年 5 月 8 日**　普查办组织召开信息化建设技术交流会，与环境保护部信息中心主要负责同志进行了深入交流。会议讨论了普查信息化建设中业务需求、目标任务、技术路线、进度安排等方面内容。会议提出，信息化是保障普查工作顺利完成的重要抓手，下一步普查办将结合调研中各地提出的建议，抓紧做好前期技术准备工作，确保第二次全国污染源普查软件和系统好用、实用。

**2017 年 5 月 24 日**　为及时向国务院第二次全国污染源普查领导小组办公室成员单位、各地环保部门传递最新工作进展，解读政策措施，交流有益经验，充分发挥网络传播快速、存储丰富的特点，普查办在部官方网站首页"热点区"增加"第二次全国污染源普查"专栏；专栏内设"政策法规""工作进展""技术成果""资料下载"4 个栏目。

**2017 年 5 月 31 日**　国务院第二次全国污染源普查领导小组办公室第一次全体会议在环境保护部召开，翟青副部长出席会议并讲话。他对各成员单位高度重视普查工作表示感谢，同时明确了近期的重点工作任务，希望各成员单位继续支持配合普查工作。会议审议并原则通过了《第二次全国污染源普查方案》（报送稿）和《国务院第二次全国污染源普查领导小组办公室议事规则》。

**2017 年 6 月 1 日**　普查办在北京组织召开《第二次全国污染源普查方案》（报送稿）专家论证会。专家组认为，《第二次全国污染源普查方案》严格落实《全国污染源普查条例》《国务院关于开展第二次全国污染源普查的通知》的要求，以"查得清、可统计、可核证"为基本原则规划普查内容，目标明确，重点突出，以部门共享数据优先、信息化手段应用优先、抽样调查方法优先为原则，具有科学性和合理性；方案提出"两级部署、五级应用；联网采集、专网审核；统一建库、共享应用"的普查信息化总体思路，有利于提高普查数据采集效率，有助于部门数据共享、衔接；将第三方和公众监督引入普查数据质量核查，有利于提高普查透明度，强化公众监督作用，为普查工作的实施提供良好社会基础；方案将当前影响环境质量的重要因子（如挥发性有机物和氨等）纳入普查内容，具有一定前瞻性。方案顺利通过专家组论证。专家组由清华大学贺克斌院士等 10 位环境保护和统计领域院士及专家组成。

**2017 年 6 月 8 日**　为充分利用新媒体及时发布权威信息，回应社会关切，提升污染源普查宣传工作的有效性和影响力，普查办开通"第二次全国污染源普查"官方微博和"第二次全国污染源普查"微信公众号。

**2017 年 6 月 9 日**　时任环境保护部党组书记李干杰到第二次全国污染源普查工作办公室视察，部党组成员、副部长翟青陪同。李干杰实地调研了普查办的办公场地，听取普查办近期工作情况的汇报。他充分肯定了普查办的前期工作，并强调污染源普查工作十分重要，将为环境保护工作决策提供重要支撑，要高度重视普查工作并且要科学、准确、及时。李干杰要求，一是普查成果要注重实用性。普查工作要有所为有所不为，以实际需求为导向，着眼有限目标，为环境管理服务，普查结果要有用、好用。二是确保普查数据真实有效。要充分利用现代信息手段，尽量减少中间环节，缩短数据上传时间，减少人为因素对普查数据的影响。三是充分利用第三方力量，做好数据核查。普查不能自说自话，结果要经得起检验，必须引入第三方技术力量加强评估核查，确保数据质量。

图为时任环境保护部党组书记李干杰、副部长翟青在普查办视察工作

**2017 年 6 月 29 日** 普查办组织召开第二次全国污染源普查技术支持工作部署协调会。中国环境科学研究院、中国环境监测总站、中国环境报社、环境保护部核与辐射安全中心、环境保护部南京环境科学研究所、环境保护部华南环境科学研究所、环境保护部环境规划院、环境保护部环境工程评估中心、环境保护部信息中心、农业部农业生态与资源保护总站、中国农业科学院、中国水产科学研究院等 12 家单位参加会议。

**2017 年 6 月 30 日** 时任环境保护部部长李干杰在出席环境保护部"两学一做"学习教育先进典型表彰暨庆祝中国共产党成立 96 周年大会时指出，要认真开展第二次全国污染源普查，为准确判断我国环境形势提供支撑。

**2017 年 7 月 10 日** 国务院第二次全国污染源普查领导小组办公室印发《关于加快推进第二次全国污染源普查工作的通知》（国污普〔2017〕1 号）。针对总体工作仍存在进展不平衡的问题，要求各地加快组建普查机构、抓紧落实普查经费、健全完善普查制度、全面落实各项工作。

**2017 年 7 月 13 日** 环境保护部向张高丽副总理呈送《关于第二次全国污染源普查工作进展情况的汇报》。

**2017 年 7 月 19 日** 国务院第二次全国污染源普查领导小组办公室印发《国务院第二次全国污染源普查领导小组办公室第一次会议纪要》《国务院第二次全国污染源普查领导小组办公室议事规则》（国污普〔2017〕2 号）。

**2017 年 7 月 21 日** 普查办邀请原国家环境保护总局副局长、国务院第一次全国污染源普查领导小组成员兼办公室主任王玉庆到普查办指导工作。王玉庆对普查办下一步工作提出建议：一是要充分发挥普查办领导班子作用，工作中抓重点和薄弱环节，调动普查办内人员和地方同志的积极性、主动性。二是要围绕普查服务环境质量改善的目的，坚持有限目标，做到上下结合，按时保质完成任务。三是要不断提高工作质量，通过最新的管理手段和技术手段搞好普查，在技术层面注重质量、成本和效益，将质量控制贯穿整个工作过程；在制度和组织层面加强督促检查，明确各级责任。

图为王玉庆主任听取普查工作进展汇报

**2017 年 8 月 1 日**　为做好第二次全国污染源普查宣传工作，集思广益，群策群力，8 月到 9 月，《中国环境报》组织"我为普查献一策"征文活动，此次活动由普查办主办，中国环境报社承办。

图为《中国环境报》刊登的"我为普查献一策"征文启事

**2017 年 8 月 30—31 日**　在山东省济南市召开的 2017 年全国辐射安全监管工作座谈会上，时任环境保护部副部长、国家核安全局局长刘华就第二次全国污染源普查伴生放射性矿普查工作进行动员和部署。

图为时任环境保护部副部长刘华在 2017 年全国辐射安全监管工作座谈会上发表动员讲话

**2017 年 8 月 31 日**　为加快推进第二次全国污染源普查，指导各级普查机构做好经费申请工作，依据《国务院关于开展第二次全国污染源普查的通知》（国发〔2016〕59 号），国务院第二次全国污染源普查领导小组办公室印发《第二次全国污染源普查项目预算编制指南》（国污普〔2017〕3 号）。

**2017 年 9 月 5—6 日和 9 月 19—20 日**　污普办分别在山西省太原市和江苏省南京市举办伴生放射性矿普查培训班。培训对象为各省（自治区、直辖市）环境保护厅（局）、环境保护部各地区核与辐射安全监督站参与第二次全国污染源普查伴生放射性矿普查相关工作的人员。培训的主要内容包括：第二次全国污染源普查伴生放射性矿普查方案、伴生放射性矿产资源开发利用现状及特点、伴生放射性矿普查监测技术规范、伴生放射性矿普查质量保证实施方案、伴生放射性矿普查试点经验等。

**2017年9月10日** 国务院办公厅印发《国务院办公厅关于印发第二次全国污染源普查方案的通知》（国办发〔2017〕82号），部署开展第二次全国污染源普查工作。

**2017年9月12—15日** 为做好第二次全国污染源普查准备工作，了解全国普查信息化工作基础条件，普查办赴甘肃省和青海省进行工作调研。

**2017年9月21日** 环境保护部有关负责人就《第二次全国污染源普查方案》答记者问。

**2017年9月25—27日** 环境保护部在北京举办第二次全国污染源普查工作管理培训班。第二次全国污染源普查领导小组办公室主任、环境保护部副部长翟青出席并讲话。普查办就《第二次全国污染源普查方案》《第二次全国污染源普查工作要点》和《第二次全国污染源普查项目预算编制指南》等内容进行解读。

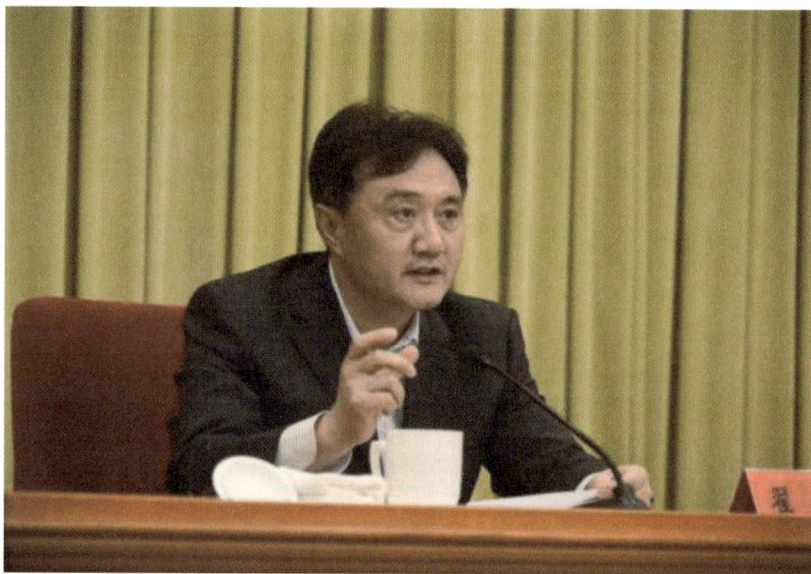

图为翟青副部长在第二次全国污染源普查工作管理培训班发表讲话

**2017 年 9 月 27 日** 国务院第二次全国污染源普查领导小组办公室印发《第二次全国污染源普查部门分工》（国污普〔2017〕4 号）。

**2017 年 10 月 10 日** 为提高污染源普查的科学化决策水平，经有关部门推荐，成立第二次全国污染源普查专家咨询委员会和技术专家组。

**2017 年 10 月 13 日** 国务院第二次全国污染源普查领导小组办公室第二次会议在环境保护部召开。国务院第二次全国污染源普查领导小组成员兼办公室主任、环境保护部副部长翟青主持会议。普查办负责同志向各成员单位汇报了领导小组办公室第一次会议以来的工作进展情况及第二次全国污染源普查工作要点。

**2017年10月16日**　普查办分别组织召开专家咨询委员会、技术专家组会议。与会专家对普查工作要点、第三方参与、时间进度、建立省级普查咨询机制、普查成果发布等提出了建议。第二次全国污染源普查专家咨询机制的建立，为专家参与普查决策、解决污染源普查中面临的关键问题提供了平台。

图为专家咨询委员会工作现场

**2017年10月31日**　农业部在北京召开第二次全国污染源普查农业部分工作座谈会。会议通报了第二次全国污染源普查农业部分工作方案，并开展了相关技术培训。

**2017年11月6日**　为进一步做好全国入河（海）排污口调查与监测工作，了解各地入河（海）排污口相关工作基础和面临的问题，普查办在北京召开第二次全国污染源普查入河（海）排污口普查工作座谈会。

**2017 年 11 月 9 日**　翟青副部长主持召开专题会议，听取第二次全国污染源普查前期准备工作汇报，研究部署 2017 年年底前普查重点工作任务。普查办负责同志介绍了普查前期重点工作进展和 2017 年年底前至 2018 年上半年工作安排。机关有关司局和部分直属单位负责同志参加会议。

图为翟青副部长主持专题会议现场

**2017 年 11 月 13—14 日**　国务院第二次全国污染源普查领导小组办公室印发《关于组织申报第二次全国污染源普查试点工作的通知》（国污普〔2017〕6 号）和《关于开展第二次全国污染源普查伴生放射性矿普查试点工作的通知》（国污普〔2017〕7 号），开展第二次全国污染源普查试点和伴生放射性矿普查试点申报工作。

**2017 年 11 月 20 日** 农业部办公厅印发《农业部办公厅关于做好第二次全国农业污染源普查有关工作的通知》（农办科〔2017〕42 号），成立第二次全国农业污染源普查推进工作组，张桃林副部长任组长。

**2017 年 11 月 21 日** 普查办组织召开生活源锅炉普查技术规定专家评审会，质检总局、中国特种设备检测研究院、中国环境监测总站、环境保护部环境规划院等单位专家参会并审议生活源锅炉普查技术规定。专家组认为该技术规定全面、规范、可操作性强，一致同意该技术规定通过评审。

**2017 年 12 月 2 日** 为规范第二次全国污染源普查报表制度设计，普查办组织技术支持单位学习研讨国家统计局统计报表管理要求与审批程序。

**2017 年 12 月 15 日** 普查办在北京召开第二次全国污染源普查工作调度会议，全国 31 个省（自治区、直辖市）和新疆生产建设兵团、中央军委后勤保障部普查办负责人及有关技术人员近 100 人参加会议。会议介绍了第二次全国污染源普查前期准备工作开展情况及 2018 年上半年普查重点工作安排；讲解了普查信息化建设总体框架、普查数据处理流程、数据处理需求、手持移动终端采购和普查相关软硬件配置建议等。各地普查办代表分别汇报了普查机构和人员、经费落实情况，普查相关工作机制建立情况，普查前期准备工作进展情况以及普查信息化支撑条件等，并就工作中遇到的问题进行讨论。

**2017 年 12 月 20—23 日** 为落实《环境保护部党组学习宣传贯彻党的十九大精神"五大活动"方案》要求，结合第二次全国污染源普查工作实际，普查办调研组一行 4 人，赴四川省成都市和乐山市部分区县、乡镇、养殖场等，现场调研了解普查前期准备工作和农业污染源情况。

**2017 年 12 月 27 日** 国务院第二次全国污染源普查领导小组办公室印发《第二次全国污染源普查工作要点》（国污普〔2017〕9 号），确定了前期准备、全面普查、总结发布各阶段详细工作内容和时间要求。

**2017 年 12 月 28 日**　国务院第二次全国污染源普查领导小组办公室印发《关于第二次全国污染源普查普查员和普查指导员选聘及管理工作的指导意见》（国污普〔2017〕10 号）。

图为普查员、普查指导员证件样式

**2017 年 12 月 28 日**　国务院第二次全国污染源普查领导小组办公室印发《关于做好第三方机构参与第二次全国污染源普查工作的通知》（国污普〔2017〕11 号）。

**2017 年 12 月 29 日**　环境保护部联合国家质量监督检验检疫总局印发《关于开展第二次全国污染源普查生活源锅炉清查工作的通知》（环普查〔2017〕188 号）。定于 2018 年 1—5 月组织开展生活源锅炉清查工作。

# 2018年

**2018 年 1 月**　普查办会同环境保护部办公厅有关同志前往国家档案局，就《全国污染源普查档案管理办法》修订事宜进行对接。普查办介绍了第二次全国污染源普查工作进展以及《全国污染源普查档案管理办法》修订情况。国家档案局表示，将积极支持和配合《全国污染源普查档案管理办法》修订工作。双方商定将于近期选择具有代表性的市县，对其第一次全国污染源普查档案管理情况进行摸底。

**2018 年 1 月 2—5 日和 1 月 8—12 日**　按照《环境保护部党组学习宣传贯彻党的十九大精神"五大活动"方案》要求，普查办分别派员赴江西省和湖北省多个地、市开展调研，并与省环保厅主要负责同志深入交流。

**2018 年 1 月 16 日**　为更好地营造第二次全国污染源普查舆论氛围，广泛动员社会力量参与，普查办与环境保护部宣教中心制作了宣传海报和视频短片。海报印制 5 万套共 10 万张，免费分送各地普查办，组织其在繁华地区、重点街道以及工业园区等地张贴；同时提供电子版海报，各地可根据需要自行加印。宣传片除在中央电视台滚动播出外，还在北京、深圳、成都、西安等重点城市户外显示屏以及《人民日报》电子屏等设备播放；同步向各地提供 30 秒高清版素材，指导其在当地电视台、户外媒介等平台播出。

图为第二次全国污染源普查宣传海报

**2018 年 1 月 16 日**　普查办组织召开《第二次全国污染源普查清查技术规定》专家论证会，会议原则通过《第二次全国污染源普查清查技术规定》论证。

**2018 年 1 月 29—31 日**　普查办在广东省广州市举办第二次全国污染源普查清查技术培训班。全国 31 个省（自治区、直辖市）和新疆生产建设兵团的普查办主任及技术骨干等 230 余人参加培训。

图为第二次全国污染源普查清查技术培训班现场

**2018 年 1 月 31 日**　普查办在广州举行第二次全国污染源普查试点启动仪式，17 个试点市、县普查机构代表和相关省（自治区、直辖市）普查办同志参加。

图为第二次全国
污染源普查试点
启动仪式

**2018年1月31日**　为做好第二次全国污染源普查伴生放射性矿普查工作，国务院第二次全国污染源普查领导小组办公室印发《第二次全国污染源普查伴生放射性矿普查监测技术规定》（国污普〔2018〕1号）。

**2018年2月1日**　国务院第二次全国污染源普查领导小组办公室印发《第二次全国污染源普查试点工作方案》（国污普〔2018〕2号），明确试点范围、主要内容、工作安排和组织实施等方面的内容。

**2018年2月17日**　环境保护部、中共中央宣传部联合印发《关于做好第二次全国污染源普查宣传工作的通知》（环办普查〔2018〕15号），要求各地各部门各单位认真做好第二次全国污染源普查宣传工作，形成全社会关注、支持和参与污染源普查的良好氛围，推动普查工作顺利完成。

**2018年3月8日**　翟青副部长在《中国环境报》的报道《查得清还要用得上——温州发动民间力量，引入第三方机构参与污染源普查》上批示："浙江温州的经验很好，值得各地学习借鉴。"

**2018 年 3 月 13 日** 为加快推进《全国污染源普查档案管理办法》的修订与印发工作，普查办与国家档案局馆室司一行 8 人赴北京市海淀区开展污染源普查档案管理专题调研。

图为调研组查阅普查档案现场

**2018 年 3 月 15 日** 普查办组织召开第二次全国污染源普查工作推进会议，各技术支持单位有关领导及技术任务承担人员和普查办全体工作人员共计 51 人与会。会议要求结合当前普查工作进展情况，按照 8 月全面开展入户调查为关键时间节点，明确重点工作任务和经费预算执行要求；中国环境科学研究院、中国环境监测总站、环境保护部环境发展中心、环境保护部政研中心、环境保护部核安全中心、环境保护部南京环境科学研究所、环境保护部华南环境科学研究所、环境保护部环境规划院、环境保护部环境工程评估中心、环境保护部信息中心等 10 个技术支持单位分别汇报当前工作进展情况、存在的问题和下一步计划。

**2018 年 3 月 19 日**　为充分利用国家地理空间公共基底数据和技术成果，推进第二次全国污染源普查清查工作，根据 2015 年 10 月环境保护部与国家测绘地理信息局签订的"地理信息共享合作框架协议"及第二次全国污染源普查部门分工，普查办经与中国测绘科学研究院（隶属国家测绘地理信息局）签订技术合作协议。

**2018 年 3 月 20 日**　国务院第二次全国污染源普查领导小组办公室印发《第二次全国污染源普查清查技术规定》（国污普〔2018〕3 号），要求各级普查机构按照"应查尽查、不重不漏"的原则，对各级行政区域范围内的全部工业企业和产业活动单位、畜禽规模养殖场、集中式污染治理设施、生活源锅炉和入河（海）排污口逐一开展清查。

**2018 年 3 月 20 日**　生态环境部与水利部联合印发《关于开展第二次全国污染源普查入河（海）排污口普查与监测工作的通知》（国污普〔2018〕4 号）。通知要求，为充分考虑入河（海）排污口排放的季节性特点，于 2018 年 3 月启动入河（海）排污口清查工作。2018 年 5 月底前，完成入河（海）排污口清查，以及规模以上市政入河（海）排污口枯水期的补充监测。2018 年 9 月底前，完成规模以上市政入河（海）排污口丰水期的补充监测。

**2018 年 3 月 29 日**　生态环境部举行 3 月例行新闻发布会。普查办负责同志介绍了第二次全国污染源普查工作进展，生态环境部新闻发言人刘友宾主持发布会，通报近期环境保护重点工作进展，并共同回答了记者关注的问题。

图为新闻发布会
现场

**2018年4月3日**　根据《关于做好第二次全国污染源普查宣传工作的通知》（环办普查〔2018〕15号）要求，为配合做好相关工作，中国环境出版集团印制出版了一套6张"第二次全国污染源普查早知道"的宣传挂图。

**2018年4月3—4日**　普查办赴试点地区山东省巨野县开展清查工作专项调研，与山东省普查办就普查试点、清查、第三方选聘等工作进行座谈，并深入基层普查办了解清查工作进展情况。

**2018年4月16日**　为加快推进第二次全国污染源普查信息化建设工作，国务院第二次全国污染源普查领导小组办公室印发《关于印发〈第二次全国污染源普查数据处理方案〉的通知》（国污普〔2018〕5号）。要求各省份普查机构结合已有信息化基础条件，于2018年7月20日前完成普查现场数据采集、数据处理环境相关设备采购实施工作，配合国家普查机构开展软件部署工作，保障本级互联网、环保专网畅通，确保系统稳定运行。

**2018 年 4 月 19—21 日**　为提高各地普查办工作人员的业务水平，确保信息化建设和清查工作质量，生态环境部在北京举办第二次全国污染源普查方案技术培训班。培训班解读普查清查技术规定、普查数据处理方案、入河（海）排污口普查与监测技术规定、普查员与普查指导员选聘及管理、第三方机构参与普查方式、农业源主要内容和技术路线等政策，介绍普查清查工具、普查清查分区工具的使用说明。

**2018 年 4 月 25 日**　为总结推广温州普查工作经验，普查办在浙江省温州市召开第二次全国污染源普查现场暨视频会议。国务院第二次全国污染源普查领导小组办公室主任、生态环境部副部长翟青出席并发表讲话。浙江省副省长、党组成员陈伟俊出席会议，温州市委副书记、市长姚高员介绍温州市的典型做法。

图为翟青副部长了解清查工作现场

图为陈伟俊副省
长讲话

图为温州市开展
形式多样的普查
宣传活动

**2018 年 4 月 27 日**　为加强第二次全国污染源普查保密管理工作，确保普查工作涉及的国家秘密、敏感信息和其他应保密信息的安全，根据《中华人民共和国保守国家秘密法》及其实施条例、《中华人民共和国统计法》及其实施条例、《全国污染源普查条例》《环境保护工作国家秘密范围的规定》等法律法规及有关规定，结合普查工作实际，国务院第二次全国污染源普查领导小组办公室印发《关于加强第二次全国污染源普查保密管理工作的通知》（国污普〔2018〕6 号）。

**2018 年 5 月 2 日**　为规范污染源普查档案管理，确保档案完整、准确、系统、安全和有效利用，根据《中华人民共和国档案法》《全国污染源普查条例》和国家有关规定，生态环境部和国家档案局联合印发《关于印发〈污染源普查档案管理办法〉的通知》（环普查〔2018〕30 号）。

**2018 年 5 月 8 日**　为做好第二次全国污染源普查质量管理工作，国务院第二次全国污染源普查领导小组办公室印发《关于第二次全国污染源普查质量管理工作的指导意见》（国污普〔2018〕7 号）。

**2018 年 5 月 9 日**　为做好普查清查工作，确保清查工作质量，国务院第二次全国污染源普查领导小组印发《关于做好第二次全国污染源普查清查工作的通知》（国污普〔2018〕9 号）。要求各地自 5 月 10 日前做好各项准备工作，6 月底完成清查结果报送。

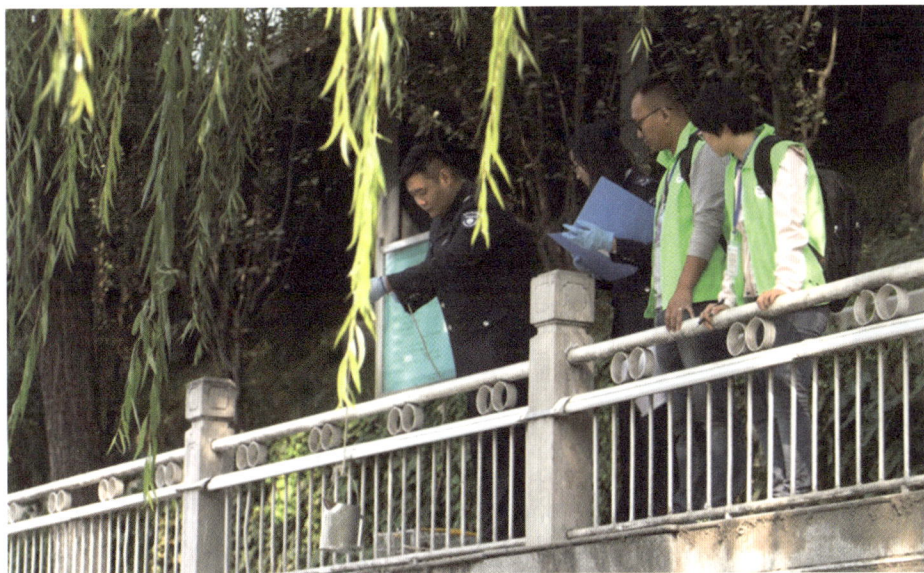

图为 2018 年 5 月 13 日，北京市西城区普查工作人员进行入河排污口清查

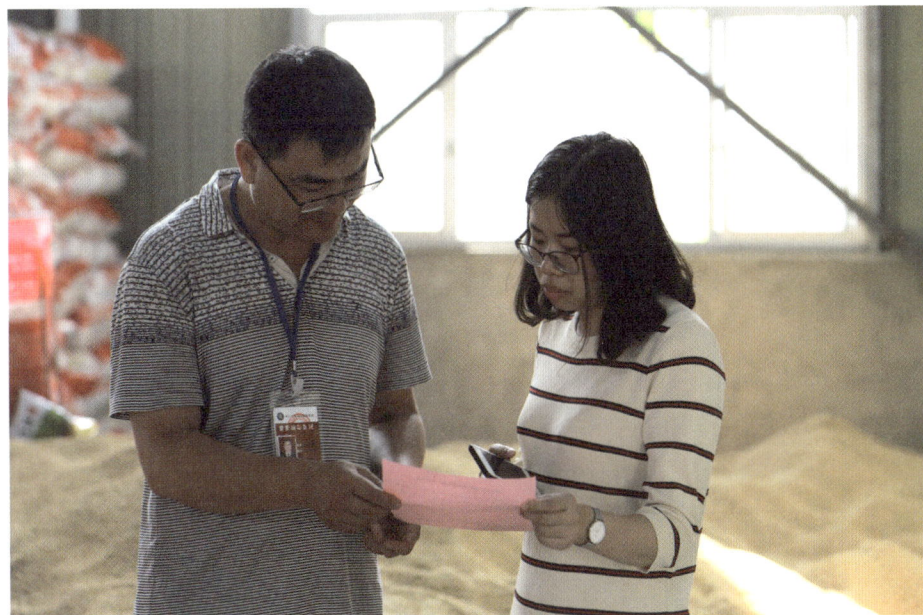

图为 2018 年 5 月 24 日，福建省南平市建阳区普查员开展清查工作

**2018 年 5 月 9 日** 普查办在北京组织召开第二次全国污染源普查技术规定和报表制度专家论证会。以清华大学教授贺克斌院士为组长的专家组听取编制单位汇报。通过质询和讨论，专家组认为各类污染源普查技术规定和报表制度内容全面、体系完善、指标解释基本准确，同意通过专家评审。

**2018 年 5 月 10 日** 翟青副部长要求普查办在清查和试点阶段开展"双周调度"和"每周报告"。"双周调度"主要内容包括普查前期准备、普查清查、普查员和普查指导员选聘、宣传培训、信息化建设等方面情况。视情况对阶段性重点工作的进展开展专项调度。"每周报告"以"双周调度"为基础，结合工作进展情况，重点反映普查工作的进展、问题和建议。

**2018 年 5 月 13—15 日** 生态环境部在北京市举办第二次全国污染源普查试点培训班。具体介绍第二次全国污染源普查报表制度框架，解读工业源、农业源、生活源、集中式污染治理设施、移动源的普查技术规定与报表制度，明确普查数据质量控制技术要求等。

**2018 年 5 月 14—15 日** 为提高各级普查档案管理人员的业务素质和专业技能，规范第二次全国污染源普查档案管理，生态环境部在重庆市举办污染源普查档案管理培训班。全国 31 个省（自治区、直辖市）和新疆生产建设兵团的档案管理部门、普查办有关负责同志以及 18 个试点地区的代表共 130 余人参加培训。

**2018 年 5 月 21—29 日** 普查办组织 16 个检查组对各地污染源普查前期工作情况进行检查（其中，委托西藏自治区环境保护厅自行开展检查），形成了《第二次全国污染源普查前期工作检查总报告》《第二次全国污染源普查前期工作检查分省反馈意见》和《第二次全国污染源普查前期工作检查分省报告》。

**2018 年 5 月 25 日** 农业农村部办公厅印发《农业农村部办公厅关于印发〈全国农业污染源普查方案〉的通知》（农办科〔2018〕14 号）。

**2018 年 6 月 5 日**　为加强第二次全国污染源普查宣传工作，普查办以六五环境日为契机，组织各地普查机构开展丰富多样的宣传活动。

图为吉林省普查办开展普查宣传活动

图为山东省副省长于国安同志参观第二次全国污染源普查宣传展览

**2018年6月6—8日** 为提高各级普查人员的保密意识，规范第二次全国污染源普查保密管理，生态环境部在辽宁省兴城市举办第二次全国污染源普查保密管理培训班。全国 31 个省（自治区、直辖市）、新疆生产建设兵团、各省会城市的普查办有关负责同志和业务骨干，以及各技术支撑单位的有关同志共 110 余人参加培训。会议强调，第二次全国污染源普查是重大国情调查，为党和国家生态环境保护重要部署提供决策依据。在普查工作过程中会产生大量数据信息和文件资料，保障这些数据信息和文件资料安全是普查的重要任务。

图为第二次全国污染源普查保密管理培训班现场

**2018年6月29日** 为提高清查工作质量，奠定入户调查基础，国务院第二次全国污染源普查领导小组办公室印发《第二次全国污染源普查清查工作抽查检查方案》（国污普〔2018〕11 号），确定检查区域、内容、评估指标与标准、组织实施等内容。

**2018 年 7 月** 根据《关于做好第二次全国污染源普查质量核查工作的通知》（国污普〔2018〕8 号）要求，普查办于 7 月份开展第二次全国污染源普查清查工作抽查检查。抽查检查的目的是检查普查清查成果，确保清查工作全面覆盖，普查对象不重不漏，为全面入户调查奠定基础。本次抽查检查工作重点检查各级普查机构清查质量管理、清查对象现场排查、清查表填报等方面的情况。

图为检查组在江苏、江西、重庆、贵州开展清查抽查检查工作

**2018 年 8 月 2 日** 国务院第二次全国污染源普查领导小组办公室第三次会议在京召开。会议审议并原则通过《第二次全国污染源普查报表制度》，建议按规定程序报国家统计局审批后组织实施。会议认为，依据相关法律法规，普查办积极组织开展第二次全国污染源普查报表制度前期准备工作，广泛征求各方意见，按照"查得清、可统计、可核证"原则设计报表内容，编制《第二次全国污染源普查报表制度》，为下一步全面入户调查奠定基础。

**2018 年 8 月 13—16 日** 为进一步提高省级普查机构业务骨干和师资力量的技术水平，指导各地开展入户调查工作，生态环境部在北京举办第二次全国污染源普查技术培训（师资）班。全国 31 个省（自治区、直辖市）、新疆生产建设兵团等省级普查机构的技术骨干和培训师资共 180 人参加了培训。

图为第二次全国污染源普查技术培训（师资）班现场

**2018 年 8 月 13—25 日** 为推动地方普查机构技术人员深入掌握普查制度业务知识，打好入户调查基础，确保数据质量，生态环境部在山西省太原市举办 5 期第二次全国污染源普查技术培训班。全国各省（自治区、直辖市）、新疆生产建设兵团省级和地市级技术骨干千余人参加培训。

图为第二次全国污染源普查技术培训班开班式现场

**2018 年 8 月 21 日** 翟青副部长主持召开专题会议，审议《第二次全国污染源普查清查和入户调查工作准备情况》。普查办汇报了普查清查结果和入户调查准备情况，相关司局和直属单位负责同志参加会议。会议原则通过《第二次全国污染源普查清查和入户调查工作准备情况》，要求普查办根据会议意见修改完善，与办公厅协调一致后，按程序报请部长审批。

**2018 年 8 月 24 日**　第二次全国污染源普查工作推进视频会议召开，时任国务院第二次全国污染源普查领导小组副组长、生态环境部部长李干杰发表了《以习近平生态文明思想为指导　全面做好第二次全国污染源普查工作》的重要讲话。李干杰强调，要全面细致做好入户调查，高标准、高质量、高水平完成普查任务，为准确判断生态环境形势、加强污染源监管、改善生态环境质量、防控环境风险、服务环境与发展综合决策提供科学依据和重要支撑。

图为第二次全国污染源普查工作推进视频会议主会场现场

**2018 年 8 月 27—29 日**　为进一步提高地方农业源普查业务骨干的技术水平，指导各地开展农业源入户调查工作，生态环境部在辽宁省兴城市举办第二次全国污染源普查农业源技术培训班。全国 31 个省（自治区、直辖市）和新疆生产建设兵团的 120 余位技术骨干参加培训。

图为第二次全国污染源普查农业源技术培训班开班式现场

**2018 年 8 月 31 日**　经国家统计局批准（国统制〔2018〕103 号），国务院第二次全国污染源普查领导小组办公室印发《第二次全国污染源普查制度》（国污普〔2018〕15 号）。

**2018 年 8 月 31 日**　国务院第二次全国污染源普查领导小组办公室印发《关于印发〈第二次全国污染源普查技术规定〉的通知》（国污普〔2018〕16 号）。

**2018 年 8 月 31 日**　生态环境部举行 8 月例行新闻发布会，通报了第二次全国污染源普查清查定库工作情况。

**2018 年 9 月 6 日**　国务院第二次全国污染源普查领导小组办公室印发《关于做好普查入户调查和数据审核工作的通知》（国污普〔2018〕17 号）。要求有序推进全面入户调查工作，明确入户准备、数据采集、数据审核、质量核查、汇总建库几个方面的任务要求和时间要求。

图为四川省成都市高新区普查工作人员在成都华通加油站进行入户调查，现场核实油气回收装置

图为广东省阳江市江城区普查员进行入户调查

**2018 年 9 月 7—17 日**　为进一步提高地方普查机构业务骨干的技术水平，指导各地做好入户调查数据审核与处理工作，生态环境部在北京举办第二次全国污染源普查数据审核与技术（系列）培训班。培训中，普查办有关同志、软件开发人员系统介绍了普查数据采集软件的具体功能，并安排上机演示和操作指导。本次培训通过解读全面入户调查的数据处理流程以及数据采集软件的使用、管理及维护方法，提高了各级普查师资人员实操能力，为按时完成入户调查打下基础。本次系列培训班共 5 期，每期 3 天，参训学员近千人。

**2018 年 9 月 19—21 日**　为提高西藏自治区各级普查机构技术水平，生态环境部在拉萨市举办第二次全国污染源普查专题培训（西藏）班。培训班培训主要内容包括解读普查制度和普查技术规定；系统介绍工业源、农业源、生活源、移动源、集中式污染治理设施等五类源报表制度技术规定；结合案例详细解读报表选择、数据填报流程、填报要求；熟悉普查软件的功能和操作使用；掌握入户调查方法；明确档案管理、保密管理要求；与内地有关地市和区县普查机构交流工作经验；为西藏各地普查办入户调查提供具体技术指导和师资培训。西藏自治区普查领导小组成员单位工作人员及自治区普查办负责同志、技术骨干、各地（市）普查办负责人和技术骨干共 120 人参加此次培训班。

**2018 年 9 月 28 日**　由普查办主办、中国环境报社承办的"我为普查献一策"征文活动自 2017 年 11 月开栏，共收到各地来稿 160 篇，刊发 42 篇，评选出一等奖 1 名、二等奖 5 名、三等奖 10 名以及优秀奖若干。

**2018 年 10 月 16—18 日**　生态环境部在北京举办第二次全国污染源普查省级普查办主任培训班。培训班强调，本次普查要保证每个普查员都到现场采集数据；坚决抵制各种干预普查数据的行为，对落实不力、延误普查进程的人，予以约谈通报；对虚报、瞒报普查数据，伪造、篡改普查资料的人，依法依规严肃问责，决不姑息。培训班学员们还交流了普查清查汇总数据审核情况和存疑问题，讲解企业纳入普查范围的判定细则，解读普查入户调查工作相关要求等。

图为第二次全国污染源普查省级普查办主任培训班现场

**2018 年 10 月 18—19 日、10 月 23—24 日** 生态环境部分别在江西和云南举办两期伴生放射性矿普查培训班。培训班主要培训内容包括：第二次全国污染源普查总体工作要求；伴生放射性矿普查前期工作总结、比对总结、试点总结；伴生放射性矿普查数据审核及核查要求；伴生放射性矿普查数据填报流程、填报要求；伴生放射性矿普查档案管理、保密管理要求；伴生放射性矿普查数据常见问题解析。各省（自治区、直辖市）环境保护厅（局），各地区核与辐射安全监督站参与第二次全国污染源普查伴生放射性矿普查相关工作的人员约 200 人参加本次培训。

**2018 年 11 月** 为进一步加大普查宣传力度，促进入户调查工作，自2018 年 11 月 1 日起，普查办录制的普查广告在中央人民广播电台"中国之声"栏目公益报时以语音播报形式播出，向全社会介绍本次普查的重要意义，呼吁公众关心普查、支持普查、参与普查。

**2018 年 11 月 5 日** 根据机构设置、人员变动情况和工作需要，国务院决定对国务院第二次全国污染源普查领导小组组成人员进行相应调整。调整后，领导小组组长由国务院副总理韩正担任，副组长分别为国务院副秘书长丁学东、生态环境部部长李干杰、国家统计局局长宁吉喆。领导小组成员包括：中央宣传部部务会议成员、新闻办副主任郭卫民，发展改革委副主任张勇，工信部副部长辛国斌，公安部副部长杜航伟，财政部副部长刘伟，自然资源部党组成员王春峰，生态环境部副部长赵英民，住房城乡建设部副部长倪虹，交通运输部副部长戴东昌，水利部副部长魏山忠，农业农村部副部长张桃林，税务总局副局长孙瑞标，市场监管总局副局长马正其，中央军委后勤保障部副部长钱毅平。根据通知，领导小组办公室设在生态环境部，办公室主任由生态环境部副部长赵英民兼任。

**2018 年 11 月 13 日** 生态环境部副部长赵英民到湖北省调研第二次全国污染源普查工作。调研组一行来到位于武汉市青山区的中韩（武汉）石油化工有限公司，实地考察该公司生产装备及环保设施、普查报表填报情况。湖北省生态环境厅党组书记吕文艳汇报了湖北省第二次全国污染源普查全面普查阶段工作情况。赵英民对湖北省委、省政府高度重视第二次全国污染源普查和入户调查进展予以充分肯定，强调普查工作已进入精细化阶段，要更加重视对污染源的源头、排放物、排放渠道、排放量等方面的彻底全面清查，强化填报数据的审核工作，确保普查工作质量。赵英民指示要进一步加快入户调查进度，按时完成普查任务。同时，要注重推动普查成果转化，助力打好污染防治攻坚战，助力湖北经济高质量发展。

图为普查员为赵英民副部长讲解普查报表填报情况

**2018 年 11 月 21 日** 为进一步加大普查宣传力度，营造良好的入户调查氛围，普查办委托中国环境新闻工作者协会，制作了 1 部宣传片和 4 款海报，简单明了地向各界介绍普查的意义、对象、方法等，重点解答"污染源在哪里、排什么、怎么排、排多少"等问题，呼吁公众积极参与普查。其中，宣传片时长 3 分钟，通过字幕、对话及采访等形式，详细阐述入户调查的要点，并明确本次普查会保护普查对象的合法权益、保守其商业技术与秘密，消除普查对象疑虑。海报分两套 4 张，均以"治本先清源　污染源普查需要您的支持"为主题。为增强宣传效果，推动全国形成合力，宣传片及海报电子版下发至各地普查机构，并指导各地在不同平台播出（张贴）。

**2018 年 11 月 26 日** 国务院第二次全国污染源普查领导小组办公室印发《关于印发〈第二次全国污染源普查质量控制技术指南〉的通知》（国污普〔2018〕18 号）。通知对各级普查机构、普查员和普查指导员以及第三方机构实施开展的数据采集、汇总审核、质量评估工作做出具体要求。

**2018 年 12 月 7 日**　为确保入户调查工作质量，国务院第二次全国污染源普查领导小组办公室印发《关于进一步做好第二次全国污染源普查质量控制工作的通知》（国污普〔2018〕19 号）。通知要求各级普查机构严格普查数据质量审核，强化普查数据汇总审核与抽样核查，运用日常监管和行政记录信息强化校核比对，加强工作调度督办。

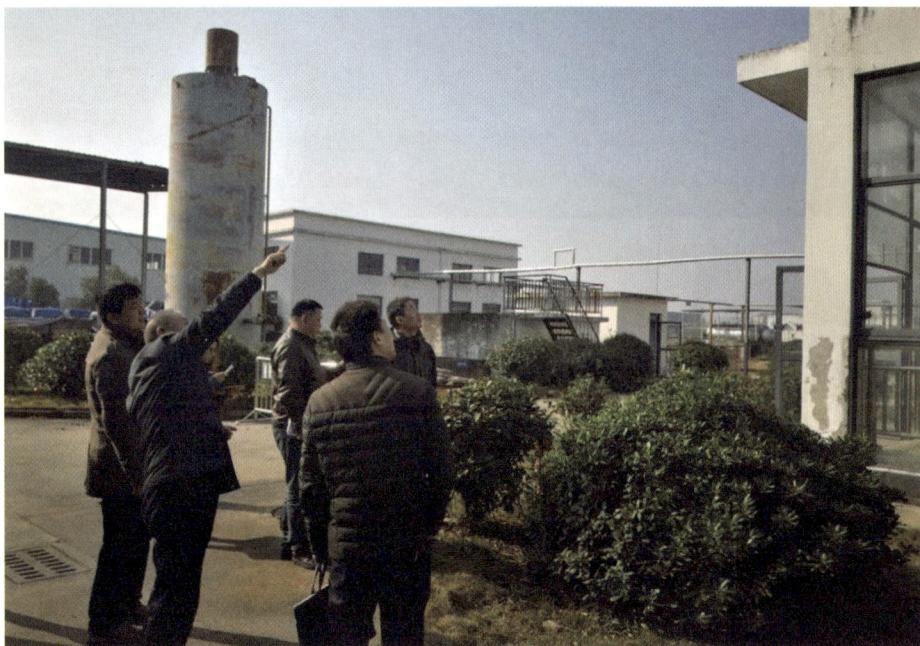

图为安徽省组织开展入户调查与数据采集阶段质量核查工作

**2018 年 12 月 15 日**　生态环境部召开第二次全国污染源普查暨全国土壤污染状况详查工作推进视频会。会议在广西壮族自治区生态环境厅设立主会场，在全国各县级及以上生态环境部门、新疆生产建设兵团师以上生态环境部门设立 2188 个分会场，约 3.47 万人参加会议。时任生态环境部部长李干杰出席会议并讲话，黄润秋副部长主持会议。会议强调，要严格质量管理，凝练调查成果，扎实推进第二次全国污染源普查和全国土壤污染状况详查，为改善生态环境质量、服务管理决策、打好污染防治攻坚战提供基础支撑。

第二次全国污染源普查暨全国土壤
污染状况详查工作推进视频会

2018年12月15日

图为时任生态环境部部长李干杰出席第二次全国污染源普查暨全国土壤污染状况详查工作推进视频会议并向普查员、普查指导员代表表示感谢

**2018 年 12 月 19—21 日**　为深入贯彻落实南宁会议精神，第二次全国污染源普查省级普查办主任强化培训班在西安举办。会议强调，第二次全国污染源普查入户调查工作总体进展较好，但存在进展不均衡、技术要求贯彻不到位、标准质量不高的现状，距要求差距还比较大。下一步需要各级普查机构聚焦普查数据质量，做好数据审核。

图为第二次全国污染源普查省级普查办主任强化培训班现场

# 2019 年

**2019 年 1 月 8 日** 国务院第二次全国污染源普查领导小组办公室印发《关于加强第二次全国污染源普查数据安全管理工作的通知》（国污普〔2019〕1 号）。

**2019 年 1 月 16 日** 针对国家普查机构对各地入户调查数据上报情况的初步分析和各地普查表填报、审核的质量参差不齐等问题，国务院第二次全国污染源普查领导小组办公室印发《关于强化污染源普查数据审核和质量核查工作的通知》（国污普〔2019〕2 号）。

图为陕西省普查办在安康市汉阴县开展入户调查第三次质量核查

**2019 年 1 月 20—24 日** 普查办抽调 14 名专家赴江西省南昌市南昌县，围绕普查数据并通过剖析问题、梳理对策、总结经验的方式，对江西省普查数据质量开展了提升指导工作，并据此形成《第二次全国污染源普查入户调查数据汇总评估及质量提升指导工作方案》。

**2019 年 1 月 22 日** 国务院第二次全国污染源普查领导小组办公室第四次会议在生态环境部召开。国务院第二次全国污染源普查领导小组成员兼办公室主任、生态环境部副部长赵英民同志出席会议并讲话。赵英民副部长对 2018 年各成员单位和联络员单位大力支持污染源普查工作表示感谢，并希望各相关单位继续支持配合生态环境部牵头开展污染源普查工作。普查办汇报 2018 年普查工作进展和 2019 年重点工作安排，各成员单位代表分别就推进 2019 年普查工作落实发表意见与建议。

**2019 年 1 月 29 日** 赵英民副部长主持召开部长专题会议，听取普查办关于近期工作进展情况汇报和环科院、评估中心关于产排污核算系数编制进展情况汇报，并对下一步工作作出具体部署。

**2019 年 2 月 24 日—3 月 22 日** 为落实赵英民副部长在《关于赴江西省开展普查数据质量提升指导工作有关情况的报告》批示精神，普查办分华南、华北、华东、东北、西部 5 个片区，开展普查入户调查数据汇总评估和质量提升指导工作，范围覆盖全国 31 个省（自治区、直辖市）及新疆生产建设兵团。

图为东北片区质量提升指导工作现场

**2019 年 2 月 28 日** 国务院第二次全国污染源普查领导小组办公室印发《关于印发〈第二次全国污染源普查 2019 年及后续工作要点〉的通知》（国污普〔2019〕3 号）。

**2019 年 3 月 6 日**　生态环境部副部长赵英民到河北省调研普查工作，并出席第二次全国污染源普查入户调查数据汇总评估及质量提升指导工作会。7省（自治区、直辖市）普查办负责同志和技术骨干 200 余人参加会议。会上，河北省生态环境厅厅长高建民汇报了全省第二次全国污染源普查工作开展情况。会后，赵英民等一行来到石家庄市栾城区普查办进行调研，了解基层污染源普查工作开展情况，慰问基层普查机构工作人员与普查员，并通过河北省污染源环境数据管理平台对省内污染源普查报表填报情况进行现场审核。

图为赵英民副部长在华北片区质量提升指导工作会发表讲话

**2019 年 3 月 7 日**　普查办与农业农村部第二次全国污染源普查工作推进组召开座谈会，就种植业核算方法、各专题产排污系数及农业源普查数据共享等事宜进行深入沟通。

**2019年3月11日** 为统筹做好产排污系数编制工作,普查办组织环科院、评估中心、华南所等有关单位开展产排污系数实例验证。

**2019年3月22日** 由普查办主办、中国环境报社承办的"入户调查经验谈"有奖征文活动,共收到各地来稿113篇,刊发22篇。主办单位邀请专家对各地来稿进行了综合打分,评选出一等奖1名、二等奖5名、三等奖10名以及优秀奖若干。

**2019年3月28—31日** 普查办前往山东省、安徽省就污染源普查数据审核、质量核查、评比表彰等方面的工作进展情况进行调研。调研组听取了山东省、安徽省关于数据质量提升、审核软件开发使用以及考核评分细则起草情况的汇报,与部分市、县(市、区)普查办开展座谈,并赴部分企业进行现场调研。

图为调研组在山东开展座谈会

**2019 年 4 月**　生态环境部以部长函形式向韩正副总理汇报了第二次全国污染源普查工作进展情况以及下一步工作计划。

**2019 年 4 月**　普查办总结普查入户调查数据汇总评估及质量提升指导工作，形成《关于分片区开展普查入户调查数据汇总评估及质量提升指导工作进展情况的报告》并报部领导。赵英民副部长批示：数据汇总评估及质量提升工作十分必要，当前要针对发现的问题，有针对性地提出明确具体的解决措施，狠抓落实。

**2019 年 4 月 19—29 日**　生态环境部分批在北京市举办第二次全国污染源普查产排污核算方法培训班，重点对第二次全国污染源普查产排污核算方法与核算模块操作流程进行培训。

**2019 年 4 月 25—27 日**　生态环境部在北京举办第二次全国污染源普查省级普查办主任培训班。培训的主要内容包括解读污染源查缺补漏工作要求、普查数据审核细则与常见问题、质量核查工作安排等；讲解工业源、农业源、生活源、移动源和集中式污染治理设施等各类源的污染物产排量核算方法。赵英民副部长参加本次培训班开班仪式，并对核算工作提出明确要求。

图为第二次全国污染源普查省级普查办主任培训班会前，技术人员向赵英民副部长演示污染物产排量核算操作流程

**2019 年 5 月 10 日** 国务院第二次全国污染源普查领导小组办公室印发《关于开展污染源基本单位名录比对核实工作的通知》（国污普〔2019〕4 号）。要求比对相关数据清单与基本单位名录，组织开展现场核实和补充调查工作。

**2019 年 5 月 29—31 日** 生态环境部联合农业农村部在四川成都举办第二次全国污染源普查农业源产排污核算方法培训班。本次培训班向各省（自治区、直辖市）、新疆生产建设兵团及地（市）普查机构农业源师资人员介绍农业源普查报表数据审核办法、污染物核算方法和核算软件操作流程，为地方农业源污染物核算提供技术指导和师资培训。

**2019 年 6 月** 为宣传污染源普查工作，营造良好的舆论氛围，普查办先后组织由《人民日报》《光明日报》等多家媒体组成的中央媒体采访团，赴云南、陕西、福建开展地方经验采访活动。

**2019 年 6 月**　为学习贯彻习近平总书记在"不忘初心、牢记使命"主题教育工作会议上的重要讲话精神，扎实推进普查数据审核与汇总工作，根据《生态环境部开展"不忘初心、牢记使命"主题教育的实施方案》要求，普查办分别前往黑龙江、广西、福建等地进行调研指导。其间，调研组认真听取了各地关于普查数据审核与汇总情况的汇报，详细讲解了数据审核的要点及要求。同时，调研组深入试点地区和企业一线，与当地技术骨干交流讨论，现场解决调研中发现的问题。

**2019 年 6 月 24 日—7 月 17 日**　为确保普查数据"真实、准确、全面"并完成 8 月 31 日前核定全国普查数据库的任务，普查办制定《第二次全国污染源普查数据集中审核工作方案》，组织 3 次国家层面的集中审核工作，其中第一轮普查数据集中审核于 6 月 24 日—7 月 17 日顺利开展。

图为赵英民副部长视察集中审核情况，在现场听取行业专家介绍审核进展情况

**2019 年 6 月 25—27 日**　生态环境部在湖南衡阳举办第二次全国污染源普查伴生放射性矿普查成果技术报告编制培训班。

**2019 年 7 月 4 日**　国务院第二次全国污染源普查领导小组办公室主任赵英民主持召开主任专题会议，听取普查工作进展情况。会议要求普查办要开展好"不忘初心、牢记使命"主题教育活动，对普查数据进行"依法审核、科学审核、精准审核"，为普查公报编制打好基础。

**2019 年 7 月 5 日**　国务院第二次全国污染源普查领导小组办公室印发《关于进一步做好第二次全国污染源普查数据审核与汇总阶段相关工作的通知》（国污普〔2019〕5 号）。

**2019 年 7 月 17—23 日**　普查办在青海省西宁市和辽宁省兴城市组织举办两期普查档案整理暨数据保密管理培训班，省市两级普查机构和相关档案管理部门共 600 余人参加培训。

**2019 年 7 月 31 日**　根据当前普查工作总体进展、第一次集中审核发现的问题及各地整改进度，结合 8 月 31 日前核定全国污染源普查数据库这一工作目标，按照赵英民副部长的要求，普查办制定了《第二次全国污染源普查数据质量要求》和《第二次全国污染源普查质量核查工作方案》，并通过专家论证。

**2019 年 8 月 5—7 日**　为进一步提升普查数据质量，明确普查数据审核和质量核查要求，加快推进普查工作，生态环境部在北京市举办第二次全国污染源普查数据审核培训班。各省（自治区、直辖市）和计划单列市的普查办主任、技术组负责人逾 150 人参加培训。培训班深入讲解了公报编制要求、质量核查方案、农业源整改要点等内容，通过分组讨论的方式，听取代表意见，回应各地关切。

图为第二次全国污染源普查数据审核培训班开班式

**2019年8月12—16日** 为对第二次全国污染源普查质量核查工作摸索经验、提供借鉴，普查办组织专家赴陕西省对第二次全国污染源普查质量核查进行试点。

**2019年8月19—30日** 按照《第二次全国污染源普查质量核查工作方案》，普查办分两轮组织开展对各省份的污染源普查质量核查工作。考虑到新疆、新疆生产建设兵团、青海和西藏技术人员数量少、技术力量相对薄弱、污染源分布分散等情况，普查办组织普查办人员、行业专家和地方专家组成技术帮扶团队，赴当地开展指导和帮扶工作。为统一核查工作程序和要求，强化核查工作纪律和党风廉政要求，8月19日上午，普查办开展了质量核查行前培训和廉洁守纪承诺书签订工作。

**2019年8月23日** 国务院第二次全国污染源普查领导小组办公室印发《关于印发〈第二次全国污染源普查工作总结报告提纲〉〈第二次全国污染源

普查数据分析报告提纲〉的通知》（国污普〔2019〕7号），组织各省、自治区、直辖市和新疆生产建设兵团开展普查工作总结报告和数据分析报告编写工作。

**2019年9月** 普查办委托环境规划院选聘第三方评估机构开展第二次全国污染源普查质量评估工作。

**2019年9月9日** 为推动第二次全国污染源普查工作取得实效，规范各技术支持单位项目管理，普查办制定《第二次全国污染源普查经费支持项目验收管理办法》。

**2019年9月18日** 为解决在数据质量集中审核中发现的和各级普查机构反馈的工业污染源产排量核算问题，国务院第二次全国污染源普查领导小组办公室印发《关于进一步做好工业污染源排放量核算工作的通知》（国污普〔2019〕8号），对工业污染源排放量核算工作进行补充说明。

**2019年10月** 普查办启动普查公报编制工作。围绕普查公报的编制，第二次全国污染源普查工作办公室组织各方力量紧锣密鼓地集中开展工作。

图为普查办组织相关专家讨论普查公报编制

**2019 年 10 月 18 日**　根据第二次全国污染源普查工作进度，为提前做好普查成果发布舆情监测与应对相关准备，普查办初步拟定《第二次全国污染源普查成果发布舆情应对方案》。

**2019 年 10 月 25 日**　普查办组织各地在京进行数据对接。全国各省（自治区、直辖市）普查办负责人、技术骨干参加。

图为数据对接会现场

**2019 年 11 月**　由普查办主办、中国环境报社承办的"普查数据如何审"征文活动，自 6 月开栏，共收到各地来稿近百篇，其中报纸刊发 31 篇，评选出一等奖 2 名、二等奖 6 名、三等奖 12 名以及优秀奖若干。

**2019 年 11 月 27 日**　国务院第二次全国污染源普查领导小组办公室联络员会议在京召开。领导小组各成员单位联络员、各技术支撑单位相关同志、公报编写组专家等到会。普查办介绍三年来普查工作开展情况及下一步工作安排等。会议审议了《第二次全国污染源普查公报》（征求意见稿）内容。

图为国务院第二次全国污染源普查领导小组办公室联络员会议现场

**2019 年 12 月 4 日**　赵英民副部长主持召开部长专题会，听取第二次全国污染源普查基本情况及数据结果汇报，审议《第二次全国污染源普查公报》（征求意见稿）等材料。

**2019 年 12 月 6 日**　国务院第二次全国污染源普查领导小组办公室第五次会议在生态环境部召开。各成员单位集中审议《第二次全国污染源普查公报》（送审稿）等材料，并围绕普查公报送审和发布工作提出相关意见与建议。

**2019 年 12 月 8—14 日**　普查办分别在云南昆明、河南郑州和黑龙江哈尔滨共举办三期第二次全国污染源普查成果技术报告编制培训班。培训班培训内容包括解读普查公报内容、审核方法和报送流程；讲授普查数据分析报告编制方法；污染源普查文件材料整理归档有关问题释疑等。同时，邀请有关省份交流经验做法。

**2019 年 12 月 13 日**　国务院第二次全国污染源普查领导小组办公室印发《关于开展第二次全国污染源普查工作验收的通知》（国污普〔2019〕9 号）。定于 2020 年 3 月对各省（自治区、直辖市）及新疆生产建设兵团普查工作进行验收。

**2019 年 12 月 15—17 日**　为做好第二次全国污染源普查成果发布舆情应对及宣传工作，普查办在浙江省杭州市举办第二次全国污染源普查成果宣传培训班。

**2019 年 12 月 25 日**　时任生态环境部部长李干杰主持召开生态环境部常务会议。会上审议通过《第二次全国污染源普查公报》（报送稿）。

# 2020 年

**2020 年 1 月** 生态环境部授予普查办 2019 年度集体三等功，表彰其在第二次全国污染源普查工作中做出的贡献。

**2020 年 1 月 21 日** 国务院第二次全国污染源普查领导小组办公室印发《关于开展第二次全国污染源普查数据汇交工作的通知》（国污普〔2020〕1 号），要求各省、自治区、直辖市及新疆生产建设兵团第二次全国污染源普查领导小组办公室开展普查数据汇交工作。

**2020 年 2 月 19 日** 生态环境部、国家统计局联合向国务院报请审议第二次全国污染源普查文件。文件包括《第二次全国污染源公报》、第二次全国污染源普查报告、工作总结报告等。

**2020年4—6月** 根据《关于开展第二次全国污染源普查工作验收的通知》（国污普〔2019〕9号）文件要求，原定2020年3月对各省普查工作进行验收。受新型冠状病毒肺炎疫情影响，普查办调整验收方案。4月15日—6月9日，普查办通过视频会议的方式分四批完成全国普查工作验收。

**2020年4月20日** 为做好省级第二次全国污染源普查公报核准工作，国务院第二次全国污染源普查领导小组办公室印发《第二次全国污染源普查公报审核技术规定》（国污普〔2020〕2号），并组织开展省级第二次全国污染源普查公报审核工作。

**2020年5—6月** 普查办组织陕西、新疆、浙江、福建、重庆、湖南、广东、四川、山东、湖北及中国石油天然气集团有限公司的普查机构录制普查档案管理系列视频，在第二次全国污染源普查微信公众号、网站公布，并发布在全国环保网络学院，供相关人员学习参考。

**2020年5月** 经李克强总理批示，国务院办公厅审议通过《第二次全国污染源普查公报》，同意向社会公布。

**2020年5月9日** 黄润秋部长到普查办进行视察，听取普查办关于新冠肺炎疫情防控和普查公报发布及后续工作安排的情况汇报，并对相关工作提出具体要求。

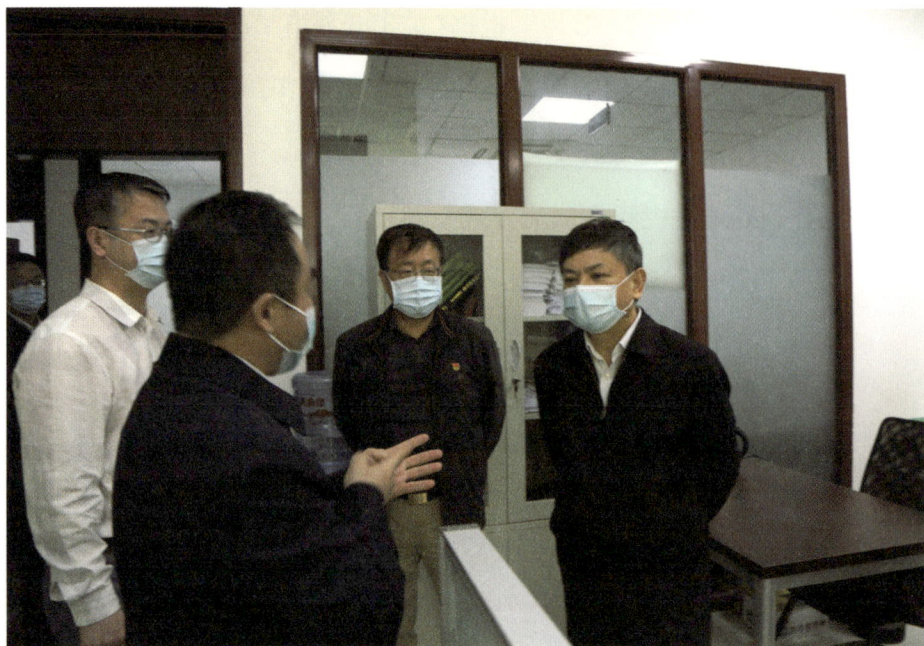

图为黄润秋部长
视察普查办

**2020 年 5 月 25 日**　由普查办主办、中国环境报社承办的"我的普查这三年"征文活动，自 2019 年 12 月开栏，共收到各地来稿 300 多篇，刊发 16 篇。通过评选，选出一等奖 2 名、二等奖 10 名、三等奖 20 名以及优秀奖若干。

**2020 年 6 月 8 日**　生态环境部、国家统计局、农业农村部联合发布《第二次全国污染源普查公报》（公告 2020 年　第 33 号）。

**2020 年 6 月 10 日**　国务院新闻办公室举行新闻发布会，生态环境部副部长赵英民宣布普查结果，介绍《第二次全国污染源普查公报》有关情况。生态环境部第二次全国污染源普查工作办公室主任洪亚雄、国家统计局能源统计司司长刘文华、农业农村部科技教育司司长廖西元参加发布会，共同回答了记者提出的问题。

图为赵英民副部长出席国务院新闻办公室举行的新闻发布会

**2020年9月27日** 国务院第二次全国污染源普查领导小组办公室印发《关于表扬第二次全国污染源普查表现突出的集体和个人的决定》（国污普〔2020〕5号），对在第二次全国污染源普查工作中表现突出的1913个集体、7894名个人予以表扬。同时普查办组织对全国的技术报告和专题报告进行评选，评选出优秀技术报告一等奖24个（省级8个、市级16个）、二等奖33个（省级12个、市级21个）、三等奖40个（省级12个、市级28个），优秀专题报告一等奖11个、二等奖17个、三等奖20个。

**2020年11月25日** 第二次全国污染源普查工作总结视频会议在京召开。会前，中央政治局常委、国务院副总理、国务院第二次全国污染源普查领导小组组长韩正对普查工作作出重要批示。生态环境部部长黄润秋出席会议并讲话。他强调，要深入贯彻习近平生态文明思想，全面贯彻党的十九届五中全会精神，认真落实韩正副总理重要批示精神，全面总结第二次全国污染源普查工作，充分开发应用好普查成果，有力支撑深入打好污染防治攻坚战和助推高质量发展，为决胜全面建成小康社会、开启全面建设社会主义现代化国家新征程作出新的更大贡献。会议由国务院第二次全国污染源普查领导小组办公室主任、生态环境部副部长赵英民主持。国务院第二次全国污染源普查领导小组办公室成员及联络员，生态环境部机关各部门负责同志，普查工作办公室全体人员以及污染源普查有关技术支持单位负责同志，地方各级第二次全国污染源普查领导小组办公室成员，各级生态环境部门负责同志，各级普查工作办公室有关人员参加了会议。

图为黄润秋部长、赵英民副部长参加第二次全国污染源普查工作总结视频会议

# 后 记

　　《第二次全国污染源普查成果系列丛书》（以下简称《丛书》）是污染源普查工作成果的具体体现。这一成果是在国务院第二次全国污染源普查领导小组统一领导和部署、地方各级人民政府全力支持下，全国生态环境、农业农村、统计及有关部门普查工作人员和几十万普查员、普查指导员，历经三年多时间，不懈努力、辛勤劳动获得的。及时整理相关材料、全面总结实践经验、编辑出版这些成果资料，使政府有关部门、广大人民群众、科研人员及社会各界了解污染源普查情况、开发利用普查成果，是十分必要且非常有意义的一件大事。

　　在《丛书》编纂指导委员会指导下，《丛书》主要由第二次全国污染源普查工作办公室的同志编纂完成，技术支持单位研究人员和地方普查工作人员参与了部分内容的编写。在编纂过程中，得到了生态环境部领导、相关司局的关心和支持。中国环境出版集团许多同志不辞辛苦，做了大量编辑工作。中图地理信息有限公司参与了《第二次全国污染源普查图集》的制作。在此一并表示由衷的感谢！

　　从第二次全国污染源普查启动至《丛书》出版，历时 4 年多时间，相关数据、资料整理过程中会有不尽如人意之处，希望读者谅解指正。

主编

2021 年 6 月